# 国家地理动物百科全书

ANIMAL ENCYCLOPEDIA

## 无脊椎动物

软体动物·刺胞动物·环节动物

西班牙 Sol90 出版公司◎著
冯珣◎译

山西出版传媒集团 山西人民出版社

# 目录

## CATALOGUE

ANIMAL ENCYCLOPEDIA

# 国家地理视角

## 多样性

### 躲藏大师

一群欧洲常见的普通乌贼用棕白相间的条纹展示它们的魅力。这些乌贼在面临危险时，能够改变自身颜色，与环境融为一体。此外，它们还能喷射墨汁把周围的海水染黑，从而掩护自己逃生。

## 紫色诱惑

太平洋西部的一株蘑菇珊瑚，口道具有独特的色彩，引人注目。不同于大多数珊瑚虫的群居特征，这种蘑菇珊瑚是“独行侠”，通常每株只由一只珊瑚虫构成。由于它们的钙质外骨骼形态神似蘑菇，因而得名“蘑菇珊瑚”。它实际上比看起来行动更敏捷，是“会走路的珊瑚”。

**屋里屋外**

条纹蜗牛的生活环境多样，在辽阔的牧场、树林乃至住宅的庭院中都可以生存。这种蜗牛的故乡在欧洲，被引入北美洲后，对北美部分区域的农业造成了不良影响。

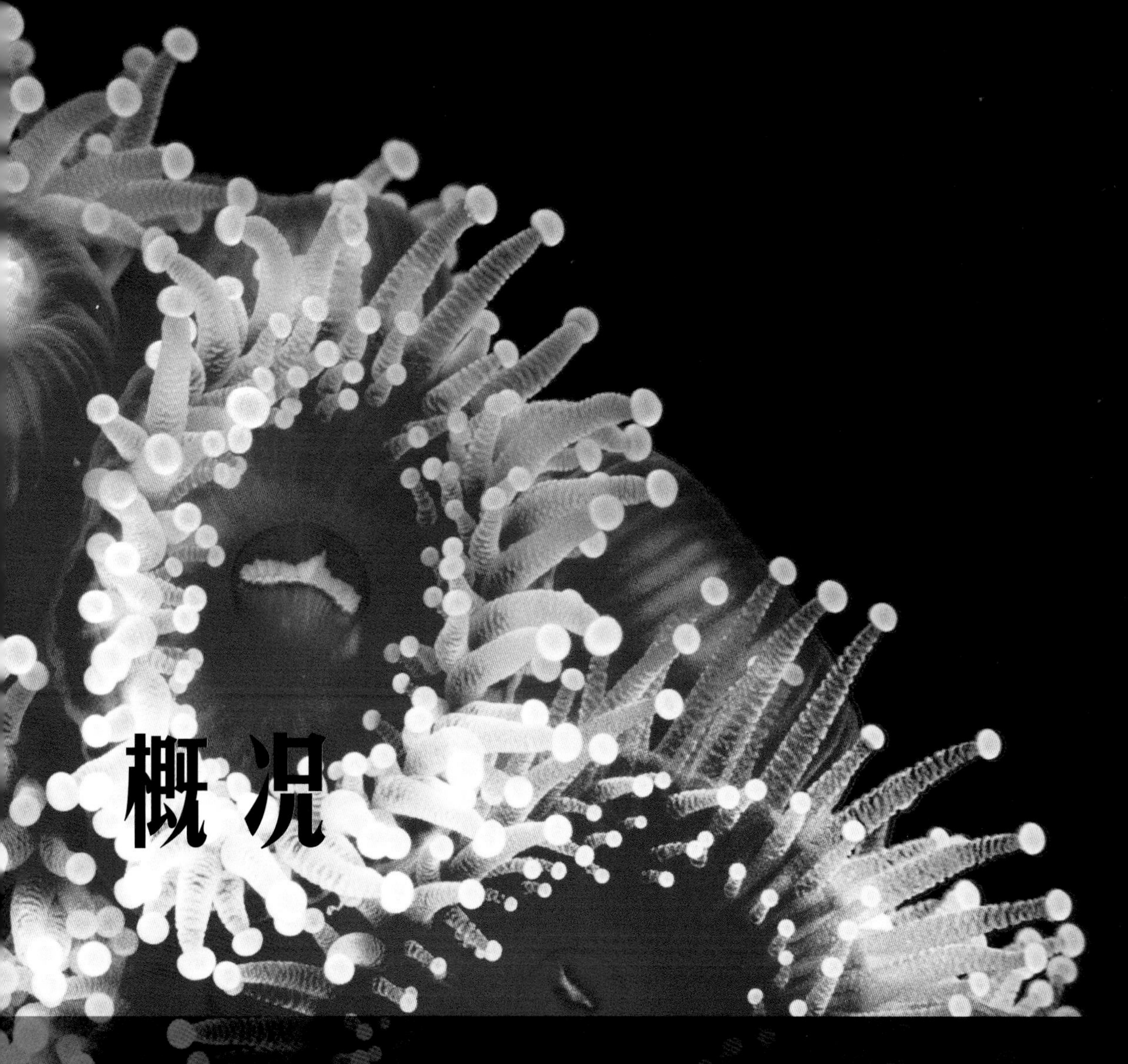

# 概况

动物界中，除了一部分脊索动物外，绝大部分种群都属于无脊椎动物。这种划分方法是依据动物的生理特征，而非天然的生物分组。现有的物种类别是数百万年进化的结果。据记载，无脊椎动物年代最久远的化石源自 6 亿年前。

# 什么是无脊椎动物

无脊椎动物指没有脊椎的动物。也就是说，在现有的数量庞大而又种类繁多的动物族谱中，除去脊椎动物以外的全部物种均为无脊椎动物。无脊椎动物的种类占现有物种总数的 95%。据估计，每年科学家都会定义 1 万 ~1.3 万种新的生物，这其中大部分都是无脊椎动物，它们在生态系统的食物链中发挥着重要作用，如果没有它们，生命将呈现与现在截然不同的形态。

**门：33**

**纲：约80**

**种：约120 万**

## 重要作用

人类活动诸如对环境的过度开发造成了动物栖息环境的改变，进而引发的生物多样性的减少，被公认为是最突出的环境问题之一。每当说起保护生物多样性，我们脑海中会很自然地出现大型哺乳动物、鸟类、爬行动物甚至树木的画面。然而，从生物多样性的角度来看，与无脊椎动物、低等植物和微生物构成的巨大又多样的生物世界相比，脊椎动物在生物界中所占的百分比小之又小。不仅如此，这些不那么迷人的低等生物还是食物链中不可缺少的环节，它们维系着食物链的运转，分解有机物残骸，净化环境并增强环境系统的稳定性。如果没有无脊椎动物的参与，生态系统简直毫无稳定性可言。为了使无脊椎动物免受灭绝之灾，我们应该全面地了解它们。然而，在这方面，我们所做的还远远不够。虽然有些无脊椎动物对人类直接或间接有害，但是更多的无脊椎动物对人类是有益的，它们是食物的源头——有的无脊椎动物为农作物授粉，有的可以用于对抗其他有害生物，还有

**主要类群**

节肢动物的身体分节，体表有坚韧的外骨骼。它们比其他的无脊椎动物拥有更强的环境适应能力，在种类数量和个体数量上也远超其他门类的无脊椎动物。

### 消化的方式

无脊椎动物主要通过两种消化方式实现自我能量的供给。一种是原生动物采取细胞内消化的方式，食物在自身细胞内被分解；另一种是细胞外消化，食物由消化管的口端摄入，在消化腔中消化，消化腔可以有 1~2 个口端。

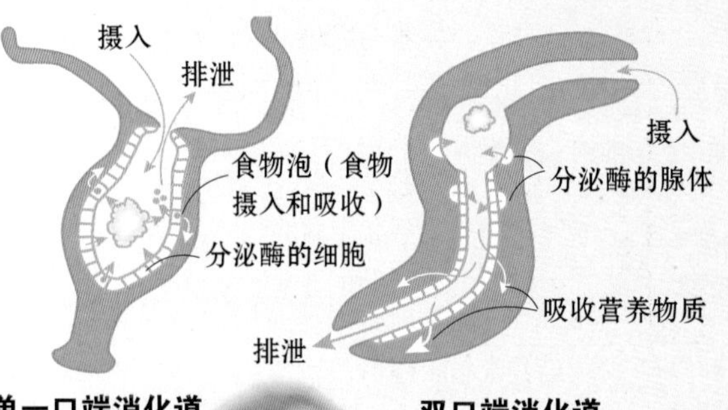


**单一口端消化道**　**双口端消化道**

**薄翅螳螂**
*Mantis religiosa*

的因其对环境变化的敏感性，可以用于自然环境质量的监测，诸如污染、干旱、环境退化等。

有多种药剂产品和工业产品是由无脊椎动物制成的。为了生存，无脊椎动物展现出了令人惊叹的多样资源和能力，经常为人类解决问题并给我们提供新的灵感。通过对这些神奇的动物的研究，我们观察蜻蜓发明了直升机以及各种不计其数的新工具。同时，当今的神经科学、遗传学和生理学的一些研究成果，很大程度得益于我们对无脊椎动物的研究，它们是非常适合的实验对象。

## 栖息环境

从无脊椎动物诞生开始，它们便在浅海中逐渐分化。一小部分种群离开了海洋，克服了淡水和陆地环境带来的困难，开始用新的方式进行呼吸、保持体内的平衡。事实上，走出海洋的无脊椎动物最大的成就在于它们把自己的生存空间扩展到了地球上的每一个角落。很多无脊椎动物与其他生物（脊椎动物、植物等）的生存有着内在联系，彼此间存在着多种多样的共生关系，最极端的一种便是寄生关系。

## 构造特征

不同形态的动物，其外部构造和内部结构的差异十分显著。因此，在本章我们只会提及那些对动物的识别和归类意义重大的构造特征。动物是“异养生物”，也就是说，它们需要通过摄取其他生物合成的有机物质来获得养料。虽然从生物化学的角度来看，异养的原理是相似的，但是无脊椎动物拥有一系列更为多样的机制来获取和消化食物。除去海绵动物和中生动物，大多数动物都拥有消化管。这种消化管可以是盲管或者是不完整的，也就是说，只用一个管口作为入口和出口，称之为“口”（例如放射虫纲和扁形动物门的生物）；也可以是完整的，有口有肛。

在动物的进化史中，肛门的出现是一个重要的里程碑。这意味着消化管道的分区和功能的划分，同时也意味着一个成熟消化系统的发展和营养成分被利用的最大化。

**到达陆地**

蜗牛有柔软的被蜗壳包裹的身躯，它们用肌肉足在黏液上滑行。蜗牛是动物界中征服陆地环境的先驱者。

## 胚胎的发展

希腊哲学家亚里士多德曾说过：“不管现在还是将来，我们都不曾获得事物深奥的原理，之所以觉得有发现，只是因为我们从一开始就没有注视着原理的成长。”从受精卵阶段开始，动物的种群展现出多种有丝分裂（细胞分裂）的方式，并由此产生胚胎的各个阶段状态（囊胚和原肠胚）。

一直到动物长至成年，每一种动物都在其生命周期中诠释着它利用周围的资源的方式。这种方式能够反映它的祖先源头和世系。

真后生动物（拥有真体腔的动物）在胚胎形成过程中会形成原生的保护层。辐射对称动物（双胚层动物）拥有外胚层和内胚层。而两侧对称生物（三胚层动物）还具备一个中胚层。外胚层，或者说外层上皮，会产生皮肤及其派生物（例如鳞屑、壳、毛发、指甲、腺状组织等）、神经系统、感官以及消化道的前端和末端。内胚层是胚胎的内侧上皮，由它形成中段消化道及附属腺体，个别情况下，呼吸道和上皮也由内胚层形成。

对于有中胚层的生物，中胚层位于外胚层和内胚层之间。中胚层会衍生出肌肉、内部支撑结构、循环系统以及部分排泄器官。成年个体的口是在胚胎发育中由原肠胚的胚孔形成的动物，被称为原口动物；成年个体的口是由胚孔之外的另一个开口形成的动物，被称为后口动物。

### 财富

图表展现了地球上丰富的生物宝藏，其中，无脊椎动物的种类极为丰富。每个扇区的浅色区域指已经有记载的物种；深色区域是尚未有记载的物种预估所占的比例。到目前为止，我们已经认识了近130万个物种，这其中70%以上都是昆虫。

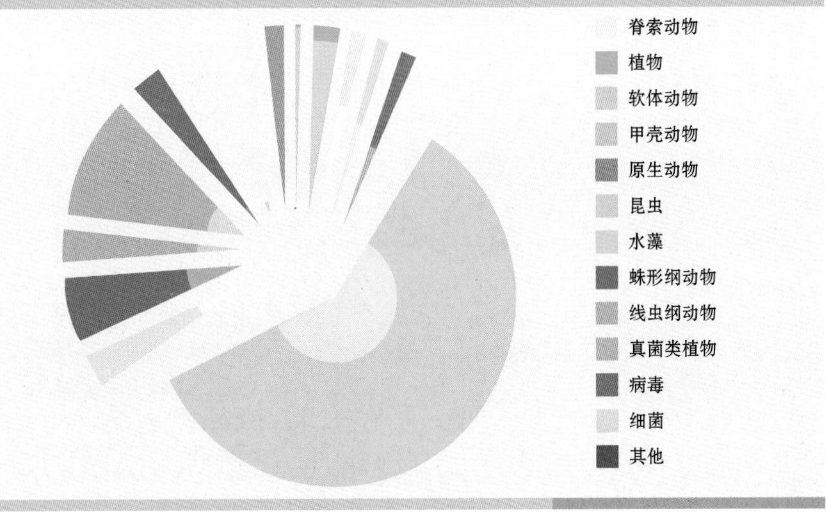

# 生存环境

部分无脊椎动物主要生活在海底。在陆上生活的则偏爱潮湿的环境。此外，还有一些比较特殊的生存环境，即淡水和其他生物的体内，比如寄生虫。生存环境的多样性影响了不同种群身体形态的演变。

## 水生环境

在海洋中，无脊椎动物能在海水中与其所含盐分保持渗透平衡。生活在河滩或其他地方的含盐水质中的无脊椎动物能够持久保持体内的盐浓度，尽管水的盐浓度会有变化。在淡水中，甲壳纲动物进化出了摄取盐分、排出水分的功能。

### 海水

与其他生存环境中的同类相比，海洋中的无脊椎动物具有巨大的多样性特征。其中，甲壳纲动物数量最庞大。重力作用的削弱，使得海洋中的无脊椎动物拥有巨大的体形。

**5万**

现在我们已经认识的甲壳纲动物的种类数。

轴孔珊瑚
鹿角珊瑚属
珊瑚礁是数千种海底生物的栖息地。

普通章鱼
*Octopus vulgaris*
在10 米深的浅海中生活。

褐色根口水母
*Rhizostoma pulmo*

紫水母
*Thysanostoma loriferum*

美洲螯龙虾
*Homarus americanus*

星肛海胆
*Astropyga radiata*
它能帮助螃蟹抵御偷窃者的威胁。

疣面关公蟹
*Dorippe frascone*
它会把海胆搬到身边，与之共生。

红海星
*Echinaster sepositus*

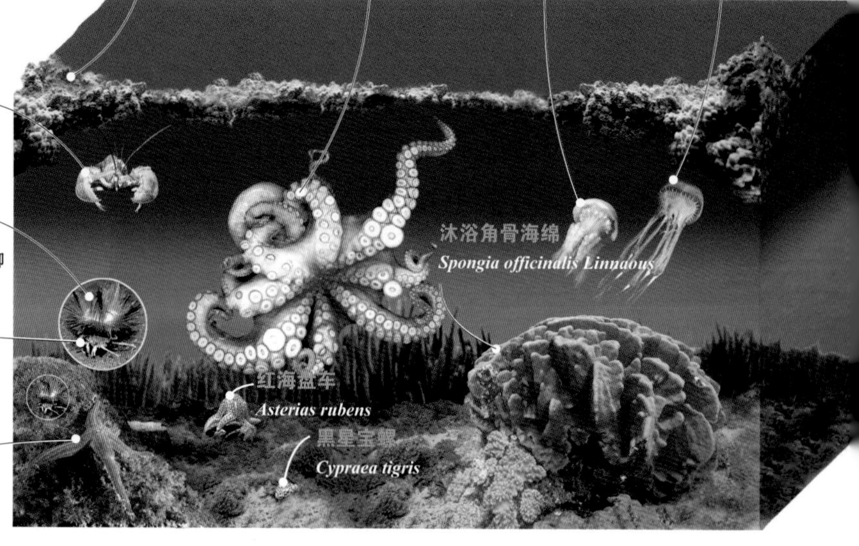


### 淡水

淡水生无脊椎动物源自它们有呼吸道的、存在于其他栖息地的祖先。因此，它们进化出了在水下呼吸的生理功能或身体构造。

### 库蚊

库蚊属
其生命周期在水中完成，在水中产卵、化蛹。成年蚊子只能存活短短数周。

帝王伟蜓
*Anax imperator*
成年蜻蜓以捕食植被上的小昆虫为生。

水黾蝽
*Gerris lacustris*
它在水面上行走时，不会打破水面的张力。

蜕皮中的蜻蜓

蜉蝣
*Hexagenia sp.*

水尺蝽
*Hydrometra stagnorum*

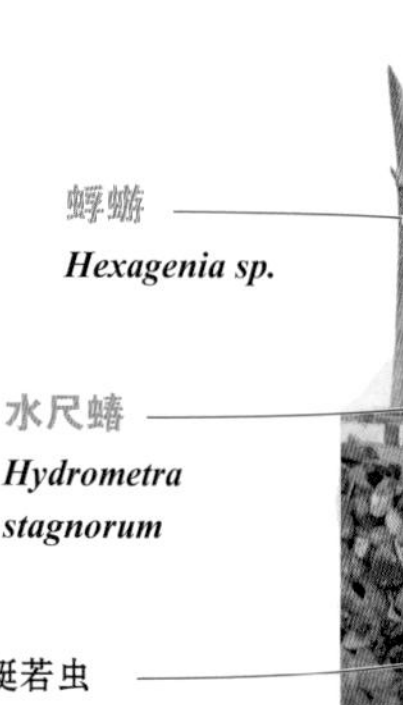

蜻蜓若虫

苏格兰百圆钳螯虾
*Austropotamobius pallipes*
它们触角上的腺体能够排出体内水分，从而保持体内盐度的平衡。

**软体动物**

大部分软体动物生活在海洋中，但也有的在淡水和陆地上生存。

**昆虫**

虽然昆虫可以在绝大多数环境中生存，但是在海洋中却少见它们的踪迹。

## 陆空环境

为了能在陆地上生存，无脊椎动物进化出了多种适应陆地的呼吸方式和行动方式。它们中的大多数都拥有高效的呼吸系统。昆虫有了行走和飞翔的能力，这使它们得以大规模地扩张自己的栖息范围。

### 谁吃谁

我们把一个生态系统中生物之间存在的食物关系称为食物链。从作为生产者的植物开始，无脊椎动物成了位于食物链各个不同序列中的消费者。

### 小巧的节肢动物

用呼吸道呼吸使节肢动物能够保持较高的新陈代谢率，但这同时也限制了它们的体形。因此，陆地上的节肢动物体形都相对较小。

# 身体构造

不同的无脊椎动物，其身体的组织形式和结构样式的复杂程度也各不相同。有的无脊椎动物，比如海绵动物以及一些共生或寄生的动物（中生动物），它们只能通过一系列细胞的协作完成生命体的功能，但并没有形成真正的组织。而其余的无脊椎动物（真后生动物），从拥有简单的组织到形成各司其职的器官，它们的复杂程度逐渐提高。

## 身体形态的决定因素

### A. 生存方式及身体形态

在生物学中，我们把相似部分在身体中的平均分布理解为对称性。大部分动物都具有某种对称性。

然而，大部分海绵动物和中生动物是不对称的。辐射对称多见于营固着生物，它们附着在水体基质上，很少漂流或移动，并根据环境对自身进行了适应性的调整。在它们体内，神经系统形成了一张网络，感受器及其他结构（触角、前肢）规则地分布在身体的边缘。

大部分物种都具有两侧对称性：它们能够向一个方向进行有效的移动。因此，它们的感官会向身体的一端集中（头向集中），其神经系统也是集中的。这样，其身体的各项活动被整合，以便快速、准确地针对外界环境做出反应。

在无脊椎动物的身体中，其主要的神经索位于腹部，这一点和脊椎动物恰恰相反，脊椎动物的主要神经索在背部。

### B. 环境的种类

海水的物理、化学性质解决了动物身体支撑的问题。动物的骨骼（内骨骼或者外骨骼）具有保护的功能。其骨骼也便于体液中盐分的调节以及新陈代谢废物（氨）的排出。环境的稳定，也有利于无性繁殖以及以体外受精为途径的有性繁殖的进行。在支撑身体和排氨方面，淡水和海水有一样的功能。但是，当环境中的盐分浓度低于体内的盐分浓度，动物身体和外界的渗透平衡就会出

### 适应性

许多种群，其身体原始的基本组成形式，在后来适应不同环境和不同生活方式的过程中被改变了。软体动物和节肢动物也是如此，它们展现出形态上的巨大多样性，这种多样性清晰地表明了进化作用的复杂性。

**令人惊叹的多样性**

无脊椎动物从祖先的基础形态开始演变，目前呈现出可观的多样化形态，这使大量无脊椎动物得以开拓更多的栖息地。

**普通章鱼**

普通章鱼（*Octopus vulgaris*）是一种软体头足动物，栖居在海底深处。它们没有外壳，腕足环绕着嘴巴。

现严重问题。所以，每个种群都得解决排出多余水分以及保持体内盐分不流失的问题。

生存环境的物理、化学条件以及环境的不稳定性有利于体内受精的有性繁殖的发展，有利于卵细胞被保留在父母体内，得以更好地着床，并防止水分流失。此外，幼虫期的缩短现象也很显著，胎生占据了主导地位。在陆地环境中，空气密度较小，这意味着动物需要一个机械支撑系统来支持身体的重量。因蒸发而丧失的身体水分使得保持体内平衡困难重重，这在体表保护层、防止水分流失的呼吸系统以及夜间活动习性等出现后得到了解决。为了留住水分，排泄也得到了专化。体内受精的有性繁殖成了主要的生殖方式，卵细胞会被包裹在保护层或胎盘（胎生）中。生物之间的联系和相互依赖的关系会形成一种特别的大环境。我们注意到，根据关系深浅不同，典型体形式样会产生可观的变种，会出现多种用途固定的器官以及被大致改良的体内隔膜。如果是体表寄生虫，它们会拥有消化器官和专门的口器；而体内寄生虫会缩减用于移动的器官，发展某些有利于繁殖的身体系统。这是因为它们需要增加后代的数量，以抵消伴随寄生生命周期的高损失。寄生虫是体内受精的，且许多种寄生虫具有雌雄同体、自体受精和无性繁殖的特点，这都大大增强了它们的繁殖能力和生命潜力。

### C. 体形大小

进化过程中，动物界产生了不同的适应策略，事实证明这些策略有利于所有细胞在形式和功能上保持和谐的统一。动物中存在体积变大的趋势，然而，这种趋势被表面积与体积的比所制约。因此我们发现，有的动物在其身体体积增大的同时，采用了特殊的几何形状使得其体表面积也最大化。通过这种方式，海绵动物将自己身体的外壁折叠、枝杈化。其他动物则采取延长自己身躯（纽形动物门）的方式。此外，扁形动物还会把自己的身体压扁。刺胞动物门的身体中充满了一种胶性成分，或者说，中胶层。在大部分刺胞动物中，它们通过不同途径获得了一个第二内腔（体腔）。这个体腔的多种功能中，比较突出的是积累液体以便支撑和移动，并使消化道独立于体壁之外。有体腔的动物还有另一个特征，那就是部分躯体会沿着身体的主轴重复，即分节现象或同质异性体。身体的分节有助于动物的移动，某些体节逐渐具有了专门的功能，这更赋予了动物极强的环境适应能力。

**海绵动物和海星**

棘皮动物，诸如图中脆弱的海星，在它的幼虫期是两侧对称的，它们在成年阶段变为辐射对称状。

## 对称轴和对称性示意图

对称性由对称轴的数量和特殊平面的数量决定。一条对称轴就是一条穿过身体的线，通过这条线可以画出对称面。一个对称面就是将物体分成相似的两半的平面。不符合上述条件的轴和面被视为参考对称轴，比如背腹轴或每侧的轴，横截面或者正面。

**球形**

由无数的对称轴和对称面组成。例：原生动物。

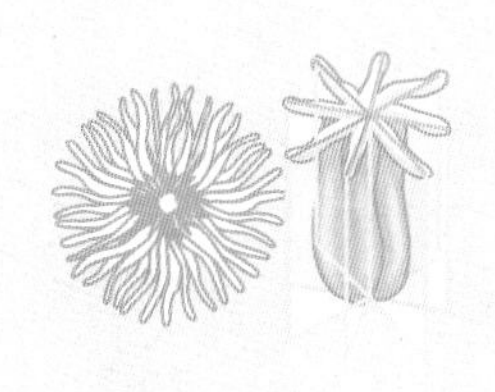

**多重辐射对称**

通过其体内的中轴（从口面到反口面）有许多个切面可以把身体分为2个相等的部分。

**两辐射对称**

通过其体内的中轴（从口面到反口面）仅有2个切面可以把身体分为2个相等的部分。

**五辐射对称**

1个对称轴和5个对称面。例：海星和海胆。

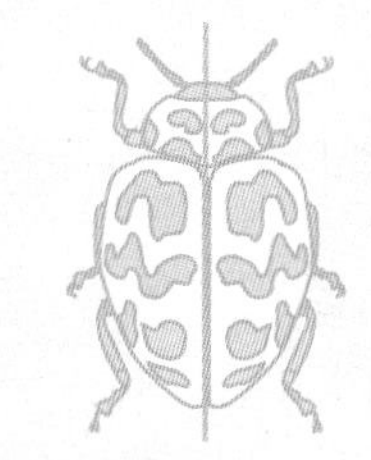

**两侧对称**

一个对称轴，即头尾轴，以及唯一的对称面——矢形对称面。

# 生物种族进化史

从进化论的创始人查理斯·达尔文和阿尔弗莱多·拉塞尔·华莱士开始，分类学的主要学派就已经致力于通过对动物界的分类来解释生物种族的发展史。尽管针对这个目标投入了大量的时间、做了大量的研究（也借助了生物形态学、胚胎学和分子生物的帮助），但是很大一部分针对生物分类的实质描述距离解答生物种族的发展历程还很远。这其中很大一部分论述主要涉及无脊椎动物，在这个类别中，对其种系的进化仍然存在很大争议。

## 主要待解决的问题

探明动物的种族发展史历来是动物学家们面临的巨大挑战之一。为什么这个问题这么难以解决呢？简单地讲，现存的动物门类，有些早在6亿年前就出现了，也就是在前寒武纪末期或寒武纪初期。许多族群因其结构属性，无法在化石化的过程中将骨骼结构保存下来，只余下一处不完整的动物化石痕迹，加之时间长河的冲刷，使我们难以揭开时间的幕布，发现能用于确认不同群体亲缘关系的那些身体特征。另外一个引起争议的问题在于外界进化压力是如何发挥作用的，外界进化压力经常导致同一个物种特征在不具有共同祖先的不同种群中反复出现，使得动物学家们不止一次地将物种错误分类。这被称作“趋同进化”，已知的一个例子是鲸目动物、海牛或者海豹具有类似的前肢，而这些动物来自不同的哺乳动物祖先。正因如此，许多种群都被分解，成员被归类到生命之树的其他分支中。

## 观点一致的树形图

种群的源头，最普及的假说是，鞭毛虫纲、真菌、后生动物及领鞭虫纲原生生物构成了其祖先。因此，考虑其与最原始的种群在主要细胞（海绵动物的领细胞）上的相似性，领鞭虫纲生物构成了后鞭毛生物的姐妹群。多孔动物依照其细胞结构的水平，本应该和具有真正细胞组织和体腔的动物区分开来。后者中既有辐射对称的，也有两侧对称的，它们应该拥有与扁盘动物类似的祖先。从物种的数量和多样性来说，最重要的分支是两侧对称的动物。两侧对称的动物又进而分成两个种系发生的分支：原口动物和后口动物。大部分无脊椎动物属于原口动物，分类学上最大的分歧也产生于原口动物领域。后口动物数量相对较少，争议性也较小，包括棘皮动物、半索动物和脊索动物。

**甲虫**

圣安东尼奥七星瓢虫属于鞘翅目昆虫、六足节肢动物，这是动物界中拥有最多物种的纲目。

### 两侧对称

大多数动物都具有沿着身体的主轴两侧对称的结构。此外，它们还拥有三个胚层：外胚层、中胚层、内胚层。两侧对称生物的雏形始于寒武纪的元古代后期。包括节肢动物、环节动物、线虫动物和软体动物，同时也包括脊椎动物和其他脊索动物。

**对称**

两侧对称性使动物可以尽可能地活动。另外，也使感觉器官的集中成为可能，进而产生了头部。

## 身体模型进化图

这幅图展示了动物的组织形态，进化始于一个共同的不能进行光合作用的原生动物祖先。我们试图通过这幅图帮助大家理解动物的身体构成和运作方式。同时根据身体构造，这幅图也展示了每个种群可能的进化策略，甚至在某种程度上，为我们展现了它们之间的关联，当然，不是从严格意义的种族发展史的角度。这些进化模型是基于形态学和比较解剖学的研究产生的。

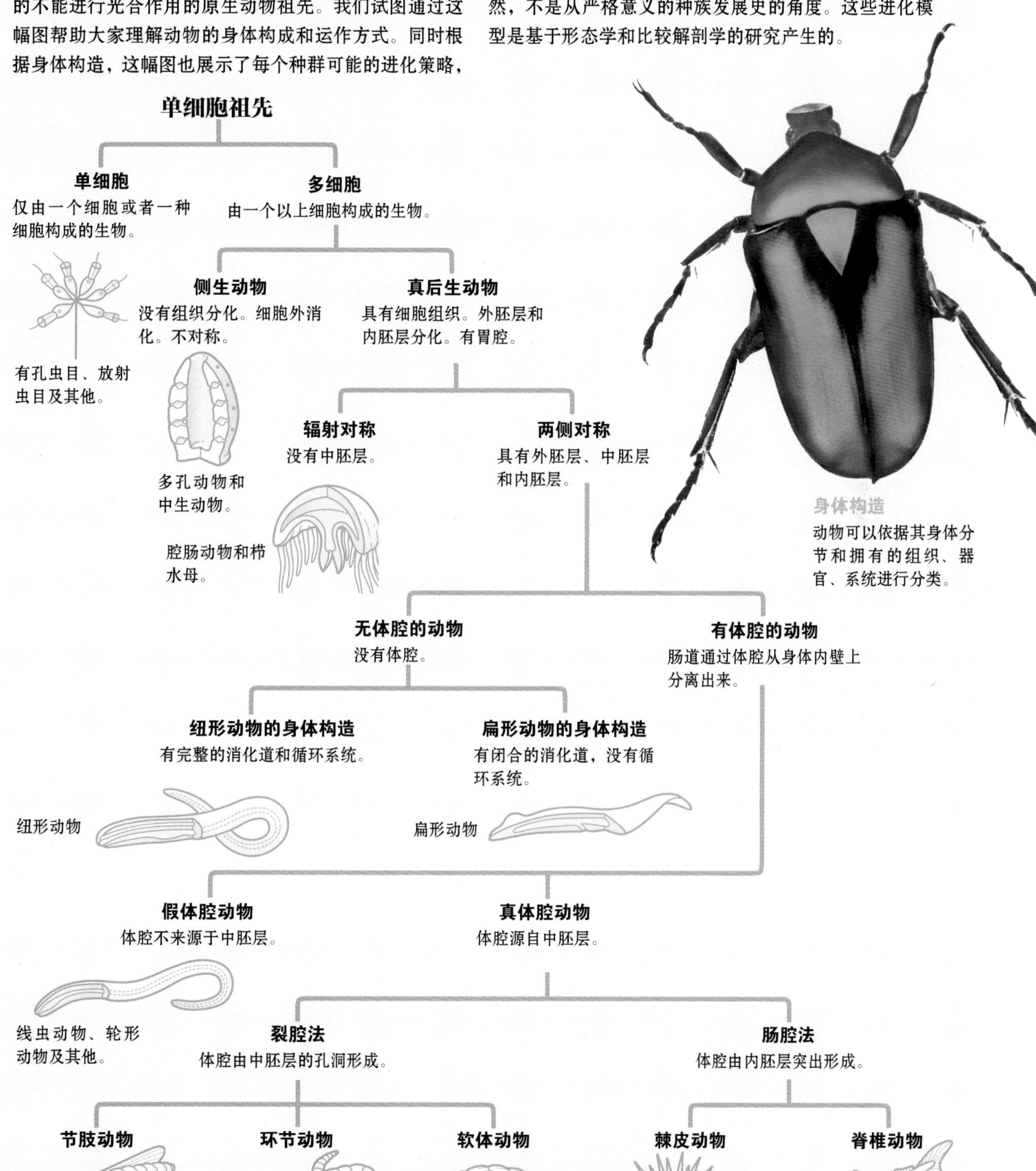


**身体构造**

动物可以依据其身体分节和拥有的组织、器官、系统进行分类。

# 海绵动物

这种多孔类动物或者说“毛孔载体”，是非常简单的水生动物。它们身体上遍布孔洞，水从这些孔洞进入，进而被过滤。多孔动物早在 6 亿年前就已经在地球上生活，如今约有 8000 种海水生多孔动物和 200 种淡水生多孔动物。它们的体色和形态多种多样，被称作“沐浴海绵”而被人们所熟知。

# 一般特征

海绵动物是最早出现的多细胞生物之一。它们是水生动物，主要生活在海水中，是无柄的滤食者，没有明确的对称面（不对称）。它们在细胞层面有一定结构性，也就是说，它们由彼此联系不紧密的细胞构成，不具备真正的组织分化，尽管这些细胞被置于不同的层中。生命功能总体上是由细胞完成的，细胞会专门化并进行分工。

**门：多孔动物**

**纲：3**

**目：24**

**科：127**

**种：约1.5 万**

威胁

作为大自然的居民，沐浴海绵的骨骼中只含有胶原蛋白构成的纤维，它们正面临过度开采的危险。

尽管构造极其简单，但海绵动物依然拥有不可否认的进化成就，这种成就是以其细胞的能力为基础的。海绵动物的细胞能根据需要转化为任何一种细胞，生成蓄水的水沟系统、管和腔。海绵动物没有嘴，也没有消化腔。其领鞭毛细胞负责泵水并捕食水中悬浮的微粒。领鞭毛细胞分布在不同的区域，其位置取决于海绵动物各自不同的结构。单沟型海绵，也就是最简单的海绵动物，由两片细胞皮层构成，呈现出双层海绵腔的形态。外层充满孔洞，能让水流进海绵体内，即海绵腔内。内层则布满了领鞭毛细胞。水从中央腔的出水孔流出。内外层中间夹有中胶层，含有经常变形的细胞——变形细胞。海绵动物通过体壁的褶皱增加了表面积和过滤的效率，身体体积也因此而增加。对双沟型海绵动物而言，领鞭毛细胞分布于辐射管中。内骨骼负责支撑身体，由碳酸钙、硅或者角质（海绵硬蛋白）的骨针所构成，此外，在身体中流动的水也起到了支撑作用。骨针不仅构成各不相同，体积和形态也各异。这种内骨骼使海绵动物得以形成固定的结构，并达到可观的体积。海绵动物是唯一一种具有天然硅质骨骼的动物。它们占据着沿海区域的海底，过滤大量的水，为减轻海水的混浊做出了贡献。有时，它们甚至会在海洋钙质生物化学循环中扮演重要的角色。它们抵抗碳氢化合物、重金属和洗涤剂污染的能力很强，体内可以积蓄大量污染物而不对自身健康造成明显影响。

## 分类

**细胞亚门**

具有明确的蜂窝组织

**钙质海绵纲**

钙质海绵

**寻常海绵纲**

寻常海绵

**合胞体亚门**

其细胞间没有明确分界，形成一个多核的原生质团

**六放海绵纲**

玻璃海绵或硅质海绵

海绵动物可以有以光合作用为生的共生生物，它对许多动物来说是避难所。很少有生物靠摄取海绵为生（除了几种后腮目软体动物、棘皮动物和鱼），这要归功于它们由骨针构成的骨骼和毒性。海绵动物所具有的毒素和抗生素的种类之多令人惊叹，它们利用这些毒素躲避掠食者，争夺基质。此外，在海绵动物的表面经常会附着贝类、海葵及其他结硬壳的生物。

## 繁殖

海绵是动物中繁殖能力最强的种群：它们的细胞即使通过机械方式被一一分离，也能够重新集结形成一个新的海绵。没有任何一种生物能够在同样条件下继续存活。想要消灭一只海绵的唯一方法是杀死它的每一个细胞。它们能够靠海绵碎片或者脱落的突起物进行无性繁殖，这些突起物被称为芽体。淡水中的海绵能生成一种对环境变化（例如干燥和霜冻）抵抗力很强的结构，人们称之为“芽球”。当海绵母体死亡，芽球就会脱落。海绵没有性腺，大部分海绵都是雌雄同体的，偏好异体受精。配子源自原细胞（携带营养物质的变形细胞）或者失去鞭毛的领鞭毛细胞。海绵的幼虫主要有四种，这引起了新一轮针对玻璃海绵的组织学研究，因为它们引发了关于多孔动物是否是单源性种群的疑问，即所有海绵动物是否拥有一个共同的祖先。

## 海绵动物和人类

大约从古埃及时期开始，直至今日，海绵动物都被人用来洗澡，尤其是那些骨骼特别柔韧带角质的。在罗马，海绵被野战军的战士们用来饮水，而在古代的奥林匹克竞赛中，有一个比赛项目便是捕捞海绵。最近，我们发现了一系列海绵所产生的化合物。这些化合物具有极高的药理学和工业价值。因其对污染物的敏感性，海绵经常被用作环境监测的生物指标。

### 芽球

海绵具有双层的保护层，保护层环绕着细胞，并含有能够使整个海绵再生的营养物质（全能性的）。

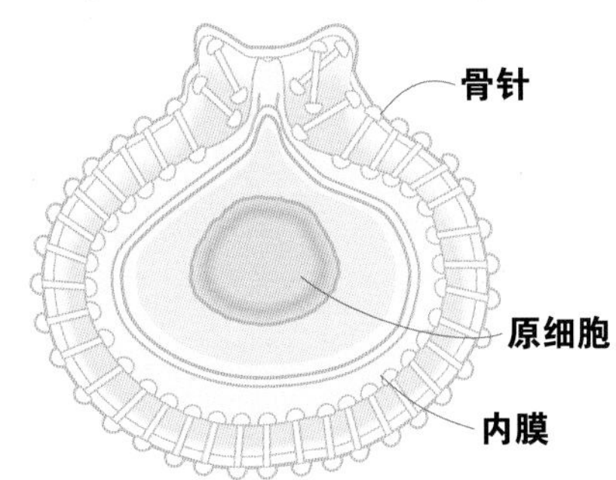

### 摄取食物和消化

携带悬浮微粒的水从毛孔进入海绵体内，然后进入中央腔。之后，又沿着一个出水孔流出。在这个循环过程中，悬浮的微粒被吞食，进而被变形细胞和领鞭毛细胞消化。水的流动是通过每个领鞭毛细胞鞭毛的搅打实现的。通过这种方式，水中悬浮的直径大约 0.1 微米的微粒能够进入海绵的每一个毛孔，并从那里通过“领”的微绒毛进入海绵动物捕食的管道。通过变形细胞的帮助，微粒在这些管道中会实现细胞内消化。

**海绵的不同构造形态** ——→ 水流方向

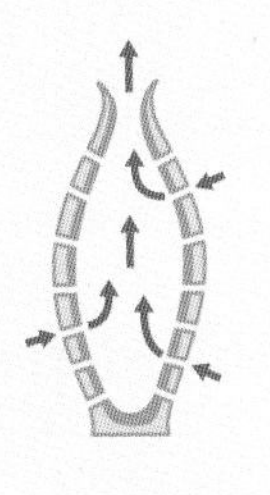
单沟型

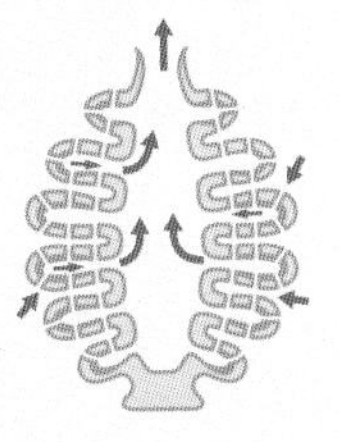
双沟型

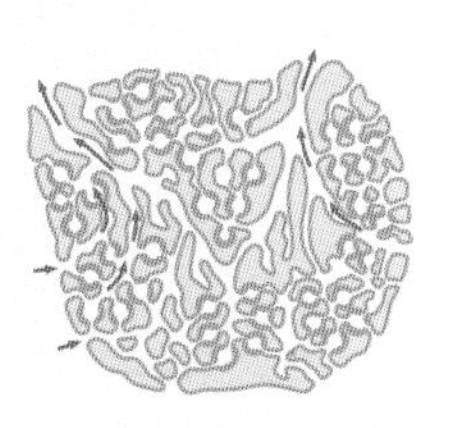
复沟型

# 玻璃海绵

门：多孔动物

亚门：合胞体

纲：六放海绵

亚纲：2

种：500

玻璃海绵是纯粹的海洋生物，拥有硅质骨针。形状类似罐子，大多颜色偏浅。它们很脆弱，栖居在软质的海底，并通过由骨针构成的网扎根在那里。它们一般有 10~30 厘米高，栖息深度为水下 450~900 米。它们遍布世界各地，在南极洲附近海域深处尤为多见。

*Hyalonema sieboldii*

## 玻璃绳海绵

体长：5 厘米
栖息地：海洋
分布范围：太平洋，日本、菲律宾、印度尼西亚沿海

其骨架由二氧化硅构成，呈扁高脚杯状。拥有一个长长的用于固定的肉柄，肉柄由一束长而强健的骨针构成。体色通常呈白色，生活在松软的海底。人们会售卖它的骨架。

*Euplectella aspergillum*

## 阿氏偕老同穴

体长：10~40 厘米
栖息地：海洋
分布范围：太平洋西部

它们的骨针构成了一个形态优美的管状网格结构，富于刚性和对称性。栖息深度为水下 200~1000 米。它与甲壳纲的俪虾属存在共生关系。

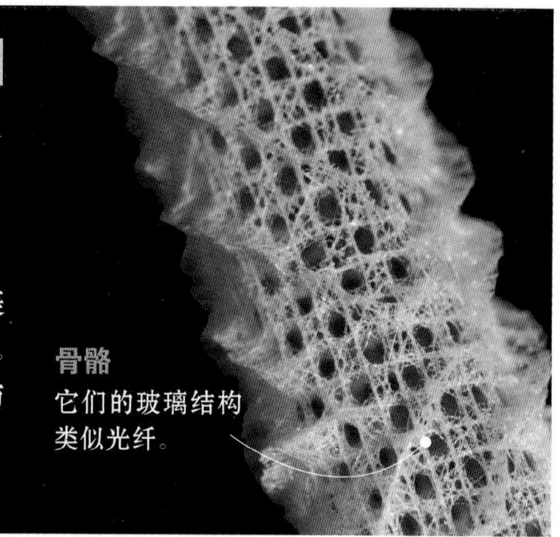

骨骼
它们的玻璃结构类似光纤。

# 钙质海绵

门：多孔动物

亚门：细胞

纲：钙质海绵

亚纲：2

种：400

它们是纯粹的海洋生物，拥有钙质的骨针。根据其沟系结构可以将它们分为三种基本类型：单沟型、双沟型和复沟型。总体上，钙质海绵的体形都比较小，颜色较为暗淡。

*Clathrina sp.*

## 篓海绵

体长：10 厘米
栖息地：海洋
分布范围：大西洋北部和地中海

其骨骼根据种类的不同，由 3~4 根放射状分布的末端或尖或钝的骨针构成。体色呈白色、黄色或棕色。它们的形状非常多样，无规律可言。它们是群居生物，会组成一个管状的网状物，网状物的壁较薄。

面向南方
典型的篓海绵总是朝向南方。科学家们仍未了解造成这种特性的原因。

*Leucosolenia sp.*

## 白枝海绵

体长：5 厘米
栖息地：海洋
分布范围：从北冰洋到地中海

它们很容易辨认，因为其基部由网状的管构成，在这基础之上又生出新的带小孔的管。它们的颜色通常是白色、黄色或灰色，生物稳定性较差。

多见于 1~10 米深的浅水之中，生长在贝类的表面和平坦的石礁上。有时候它们也会半埋在海底。

# 寻常海绵纲

门：多孔动物
亚门：细胞
纲：寻常海绵纲
亚纲：4
种：约4750

寻常海绵纲所包括的物种数量占所有海绵动物物种的90%以上。它们体形较大，均为复沟型，大部分生活在海水中。它们的骨骼可以仅由海绵丝构成（如沐浴海绵），也可以拥有硅质骨针。它们通常和其他生物具有共生关系。一些淡水生的海绵品种（针海绵科）会因共生者而呈现出绿色的色泽。

*Cliona delitrix*

## 红穿贝海绵

体长：15~30 厘米
栖息地：海洋
分布范围：加勒比海、
巴哈马群岛和佛罗里达州

红穿贝海绵能结硬壳，能钻入并穴居于含钙物质中，几乎能覆盖其所占据的基质。它拥有一个厚厚的橘色或红色外壳，通常还会有一圈区域颜色比外皮颜色更鲜亮。孔都很大，形状像火山口。它们寄居在珊瑚上，能穿透软质礁石。它们质地很坚硬，几乎没有延展性。栖居在暖温带水域。

**行为特点**
不具备捕食性，也不会从它的“房客”处摄取营养，主要是为了竞争空间。

*Agelas tubulata*

## 棕色管状海绵

体长：15 厘米
栖息地：海洋
分布范围：加勒比海、
牙买加、安德烈斯群岛

它们会在基座上形成管状物的集群，通常呈棕色。其外表皮层和内部都是平坦的。生活在多岩石的海底。

*Spongia officinalis*

## 沐浴海绵

体长：20~30 厘米
栖息地：海洋
分布范围：大西洋和
地中海

沐浴海绵很厚实，其形状和体积多种多样，孔隙较少、较小且微微突起。体色通常呈黑色或灰色，内部发红，弹性很好。可以栖居于各种深度的海水中，从浅水区域到很深的海底都有分布。它们通常喜欢生活在多岩石的海底或洞穴中。

*Callyspongia plicifera*

## 蓝花瓶海绵

体长：27 厘米
栖息地：海洋
分布范围：加勒比海、
巴哈马群岛和佛罗里达州

具有杯子或管子般的形态，外表面有一系列弯弯曲曲的沟回，内表面很平坦。管状物大多独立存在，有时也会2~3个聚集成群。孔隙分布较为分散。体色呈玫瑰红、紫色或荧光蓝色。栖居于珊瑚礁或者18米以上深度的多岩石区域。偶尔会与海星形成结合体。

**纹理**
蜂窝状的表面呈彩虹色。

**保护**
它们为甲壳动物、软体动物和鱼类提供庇护所，能够分泌有毒物质。

# 刺胞动物

刺胞动物相对比较简单，具有初级的辐射对称性。它的名字源于其所拥有的独特刺细胞，称为刺针或刺细胞。目前，世界上大约有 1 万种刺胞动物，多数生活在海洋里。它们在形态上各不相同，或单一存在，或集群生活。刺胞动物包括海葵、水母、珊瑚、海鳃和淡水水螅。

# 一般特征

刺胞动物是最早拥有真正组织分化的动物，同时还拥有消化腔和早期的神经系统。此外，它们在移动中还表现出轻微的肌肉收缩。它们的体壁由两层细胞构成（外胚层与内胚层），两层细胞之间由中胶层隔开，中胶层具有支撑和塑形的作用。成年的刺胞动物个体拥有两种形态：水螅型和水母型。在某些刺胞动物或类群中，这两者是可以在其生命周期中相互转换的。

| 门：刺胞动物门 |
| --- |
| 纲：4 |
| 目：22 |
| 科：278 |
| 种：约1.1 万 |

**钵水母**

由于这些动物的水螅阶段有限，因此它们被称为水母。身体呈胶状，具有长长的触手。

## 一般特征

刺胞动物基本的身体结构是一种双层壁的囊，它有一个唯一的开口，这个开口被一圈到几圈触手包围着。它们的胃腔中布满了从形态到功能都已分化的细胞。食物的消化、气体的交换和废物的排出都是在胃腔中实现的。此外，当肠腔充满水的时候，能给予身体以支撑。刺细胞是刺胞动物特有的一种攻击与防卫性细胞。主要存在于触手中，也可以存在于消化腔中。刺细胞的内部有一个刺丝囊，囊内盘旋着丝状的管。刺细胞外部有一根触觉敏感的纤毛。当受到外界刺激时，纤毛会发射出致痒的刺丝。刺丝上通常有刺，在移动时，会刺入物体、注射毒液。其他刺丝可用于缠绕猎物。除了这种特别的捕猎方式，有的刺胞动物会张开带黏液的网来捕食猎物，网从口中发出，然后通过触手的运动收回。在刺胞动物的生命周期中，可以有两个不同的成年阶段：水螅型的刺胞动物通常呈现无柄的柱形，口位于最上端，被触手环绕着；水母型的刺胞动物是游动的，像是一个倒置的未附着的水螅，呈钟形，口朝下。

在这两个阶段都可以无性繁殖，但

### 水母的繁殖

月亮水母是一种钵水母，其生命周期是二态型的，也就是说，在它的一生中，既有作为水螅的阶段，固着生活，无性繁殖；又有作为水母的阶段，到处活动，有性繁殖。

成年水母
卵子和精子
囊胚
浮浪幼虫
水螅体
钵水螅
幼年水母

**1 配子**

成年水母通过减数分裂制造出精子和卵子，并且释放出来。

**2 囊胚**

受精卵通过陆续的细胞分裂，转变成一个囊胚，这是一个由细胞构成的中空球体。

**3 浮浪幼虫**

囊胚变长，变成一个有纤毛的幼虫，称为浮浪幼虫。

**4 水螅体**

浮浪幼虫在水底定居，附着在某些表面上。在那里，它会长出口和触手，并转化为一只水螅。

**5 水母体**

水螅的身体生长，并开始形成水母，水母像盘子一样堆积着。

是通常只有水螅型会群体生活。在这两个阶段，所有无性繁殖产生的个体都会被肠腔聚集在一起。通常在这些新个体中会有任务的分工，据观察，可被分为捕食的水螅（营养个体）、防卫的水螅（指状个体）和负责繁殖的水螅（生殖个体）。水螅和水母可以相互转化，但是只有水母能够进行有性生殖。在水螅阶段时（比如水螅、海葵和珊瑚），它们会产生配子。

在这种情况下，在体外受精和胚胎发育之后，会形成一种会游泳的幼虫：浮浪幼虫。外部的细胞具有纵向的肌肉纤维，内部的细胞则具有循环的纤维，但并没有形成真正的肌肉。因此，尽管具有网状的、传导广阔的神经系统，但它们的运动能力仍然受限。在口的周围或者水母钟形罩的边缘可能有一个包围着的神经环。此外，钵水母和立方水母还拥有刺胞动物最复杂的感官结构——感觉棍，这是一种先进的器官，能感光，能进行化学探测。

刺胞动物门可以被分为四个纲：水螅纲、钵水母纲、立方水母纲和珊瑚虫纲。

## 珊瑚礁

珊瑚虫是珊瑚礁的制造者，是多种多样而又充满生机的海洋生态系统中最主要的建筑师。但是，如果没有居住在它们体内的微小藻类（虫黄藻）的协助，这些刺胞动物是无法完成这项庞大的任务的。这些藻类负责进行光合作用，同时能固定住大部分珊瑚的碳酸钙骨骼。有些刺胞动物会摄取它们的共生者所制造的产品，在必要的时候，甚至会以共生者本身为食。珊瑚礁是热带地区所特有的，它们的生存需要温暖的水温和光照，因此仅见于浅水区域。

## 绝妙的伙伴

有的刺胞动物会和其他生物形成奇妙多变的关系，其中最著名的就是海葵和小丑鱼之间的友谊了。除此之外，还有一些刺胞动物通过和其他生物的互动获得庇护或者“搭便车”。例如，地毯海葵（疣海葵等）生活在被寄居蟹占据的软体动物的空贝壳上面。海葵通过这种伙伴关系得到食物、“搭便车”移动，而寄居蟹则受到海葵的保护，抵挡了可能的入侵者。更有甚者，海葵为了防止寄居蟹长大后抛弃现有的“寓所”，会分泌一种几丁质物质，使得贝壳随着寄居蟹的成长一同变大，有时甚至会把原本的贝壳完全替代掉。这种伙伴关系有时具有寄生性的特点，比如，水螅会寄居在鲟鱼的卵巢里。

## 其他辐射对称动物

淡海栉水母呈透明凝胶状，它们生活在海水表层。有 4 对游泳用的器官，由成排的纤毛组成，被称为栉板。栉水母有生物发光的特性。此外，它们有一些特殊的黏细胞，可用于捕捉猎物。栉水母在远离口的一边可以有 2 只触手。

**珊瑚和海葵**

珊瑚虫在其整个生物周期中只拥有水螅阶段，它既可以独立生活，也可以群居。

### 水螅和水母的结构

很显然，水螅和水母十分不同，它们不过是刺胞动物门下同一物种在适应不同生存环境——水底的生活和水表的生活后的身体形态变化。水螅呈现袋状，它们基本上是无柄的，无性繁殖。水母呈雨伞状，它们是移动的，有性繁殖。

**刺细胞**

刺胞动物拥有一种有毒丝的细胞，简单地摩擦一下就能排放毒素。刺胞动物通过刺细胞进行捕食和防御。

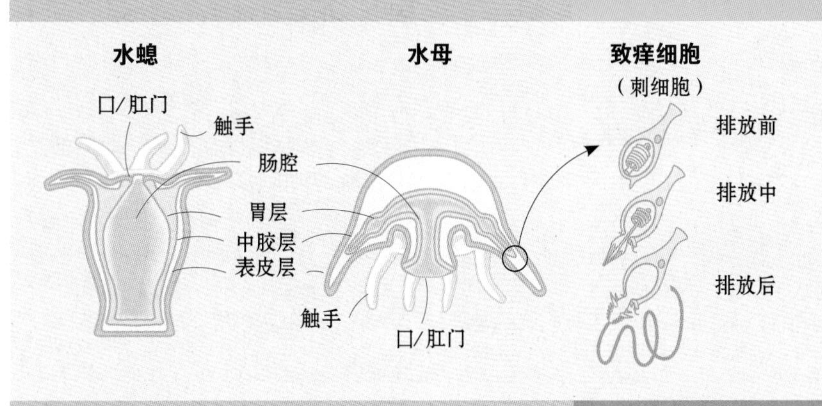

# 腔肠动物

**门：刺胞动物门**
**纲：腔肠动物纲**
**目：4~5**
**科：多于70**
**种：约2700**

腔肠动物大部分都是海洋生物，但它们也是刺胞动物门中唯一拥有淡水生物种的纲目。腔肠动物的寿命有长有短。水螅可以单独生活，也可以群居，有些种类具有一层几丁质的覆盖物或者碳酸钙的外骨骼，有些则没有。水螅体形很小，边缘很平滑，带有触手，其外胚层布满褶皱，半掩在其伞状物的开口处，被称为“缘膜”。

*Hydra vulgaris*

## 淡水水螅

体长：0.2~2 厘米
栖息地：淡水
分布范围：世界各地均有分布

这是一种身体呈圆柱状的单体水螅。在其口缘处有一圈，共6条触手。它的表皮和触手中含有大量的刺细胞，可用于防御和捕食。主要以小型甲壳纲动物为食，它会首先将猎物捉住，进而将其麻痹，送入口中。最终，猎物会被输送到肠腔，由分泌消化酶的腺细胞处理。这种水螅会在一年中最炎热的季节采用出芽的无性生殖方式进行繁殖，而有性繁殖的方式在秋天采用得较多。因为其体形微小，气体的交换和食物残渣的排出都是通过全身的表皮实现的。

*Porpita porpita*

## 银币水母

体长：3 厘米
栖息地：海洋
分布范围：遍布于热带水域

外表像水母，但实际是由集群生活的一群水螅个体组成的。在它们的中心有一个充满气体的圆盘，功能是保持整个集群的漂浮状态。以小鱼、鱼卵和浮游生物为食。

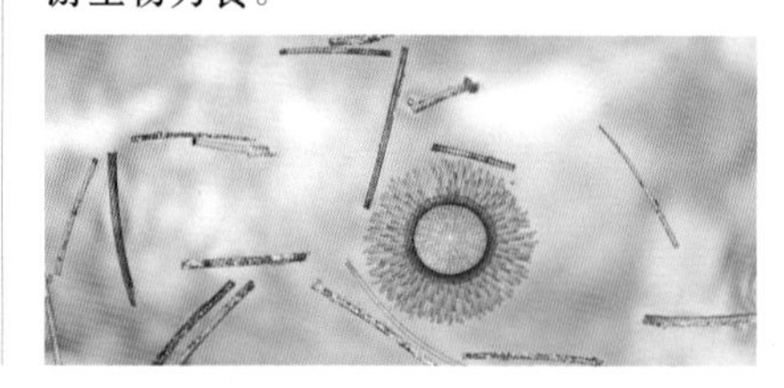

*Craspedacusta sowerbyi*

## 索氏桃花水母

体长：2.5 厘米
栖息地：淡水
分布范围：全球范围内的内陆水域

这种水母是半透明的，它的触角悬在伞形的边缘。短的触角用于捕食，长的触角可以在游泳时维持身体的平衡。在触角的基部有感光细胞。索氏桃花水母可以雌雄同体，也可以雌雄异体。

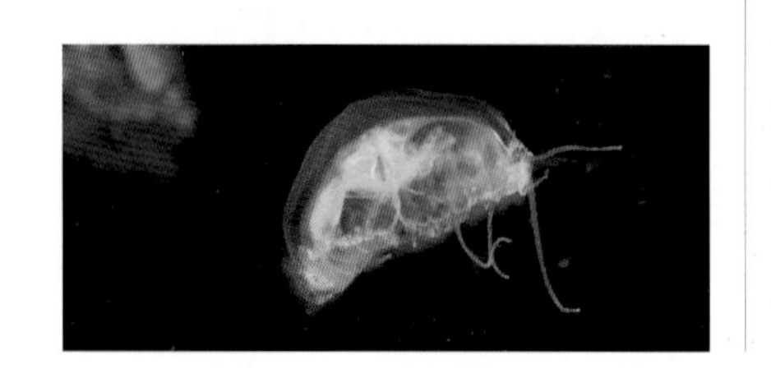

*Millepora alcicornis*

## 火珊瑚

体长：2.5 厘米
栖息地：海洋
分布范围：全球的热带水域

火珊瑚的珊瑚体由石灰质底座上生出的一些直立的板叶或分支构成，是重要且常见的造礁珊瑚。其外表呈黄褐色，这源于一种与其共生的微藻类——虫黄藻。虫黄藻能进行光合作用，因此，火珊瑚需要清澈的水域环境。

火珊瑚虫彼此被骨骼表面下的管道相连，这些骨骼位于表皮之外，又被群体的组织所覆盖。

火珊瑚得名于碰触它时会产生皮肤烧灼感。

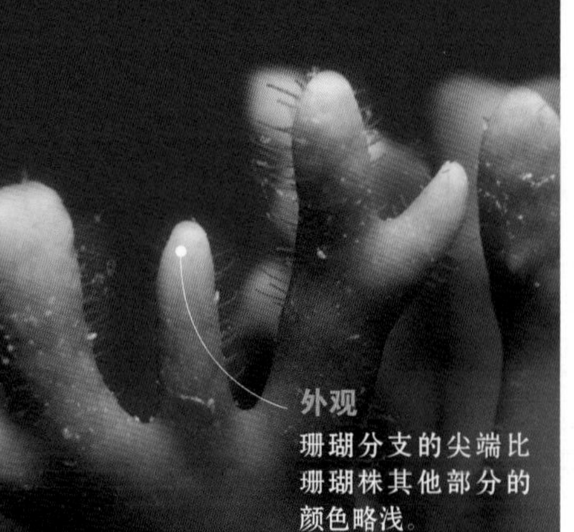

**外观**
珊瑚分支的尖端比珊瑚株其他部分的颜色略浅。

# 钵水母

门：刺胞动物
纲：钵水母
目：5
科：27
种：200

在这个海洋刺胞动物群体中，水母型占主导。既可以出芽生殖，也可以横向分裂。在它们的胃腔中有4个隔膜。肠腔中还有性腺和刺细胞。钵水母不具有缘膜，它的中胶层很发达，由细胞组成。口边通常有蓬松的或是连接在一起的触须。

*Mastigias papua*

## 巴布亚硝水母

体长：2~40 厘米
栖息地：海洋
分布范围：太平洋南部

巴布亚硝水母生活在海岸附近水域，不断游动或随波逐流。以水螅型状态存活5年，而以水母型状态最多持续2年。靠捕食浮游生物、鱼卵和鱼的幼苗为食。每天最多能过滤1.32万升水。

*Aurelia aurita*

## 海月水母

体长：25~40 厘米
栖息地：海洋
分布范围：全球范围内温热的海域

海月水母有很多短短的触须，它们像刘海一样垂在伞开裂的边缘。有4个胃袋，其中分布着性腺以及一系列通往伞缘的放射状消化道。它们以水流中的浮游生物为食。食物由触须捕获，进而被送入口内和消化腔。

# 立方水母

门：刺胞动物
纲：立方水母
目：立方水母
科：2
种：15

海黄蜂（澳大利亚箱形水母）呈箱形，具有一种拟缘膜结构和4个或1组触手。栖居于热带海域，主要分布在澳大利亚和菲律宾。

*Chironex fleckeri*

## 澳大利亚箱形水母

体长：80 厘米
栖息地：海洋
分布范围：太平洋的澳大利亚海岸

海黄蜂得名于它的毒性，其毒素是地球上威力最大的毒素之一。这些毒素被包裹在触须细胞中，稍有触碰就会被释放出来。这种神经毒素会攻击心脏和神经系统，同时激活所有痛觉中枢，使受害者完全麻痹。幼年水母仅有5%的刺细胞中含有这种毒素，而成年水母则有50%的刺细胞中含有此毒素，使它们能够捕捉更大的猎物。有几种海龟对箱形水母的毒素免疫，反而能以其为食。

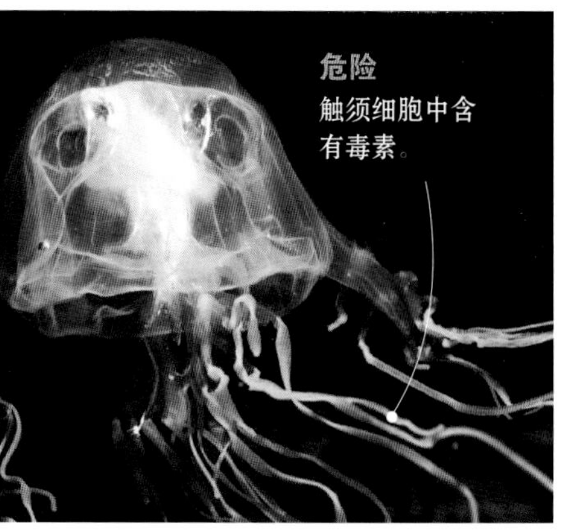

*Cyanea capillata*

## 狮鬃水母

体长：36.5 米
体重：220 千克
栖息地：海洋
保护状况：未评估
分布范围：北极水域

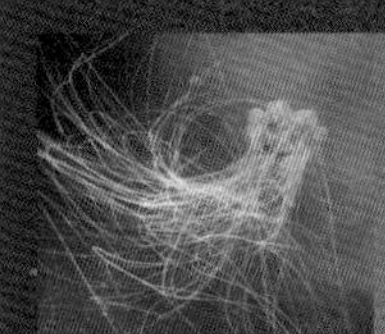

**最大的水母**
它的触须长度据估计可达70 米。

### 特征

这是世界上最大的水母。其身体的95%是由水构成的。作为一种远洋动物，它们的栖息深度为水下20 米。生命周期很短，大部分狮鬃水母活不过生命中的第一个冬天，寿命不足1 年；只有少数能在幼虫阶段之后继续存活。以浮游生物、微型甲壳纲生物、小鱼甚至其他水母为食。在暴雨多发季节或食物充足时期，狮鬃水母喜欢结成大型集群生活。

### 有性繁殖和无性繁殖

节裂的过程（无性繁殖）是指小型水螅的横向裂变。这种小型水螅被称为螅状幼体，是由浮浪幼虫的变态形成的。每一个脱离母体的芽体，都会逐渐成熟，进行有性繁殖。

**最古老的水母**
它们早在6 亿年前就诞生了。现有的化石记载中有与狮鬃水母类似物种的化石。

### 致痒的触须

狮鬃水母可以拥有多达150 条触须，它们被分成8 组，从伞形的边缘垂下。触须几乎都是透明的，里面有数以百万计的刺细胞。当触须接触到被攻击对象时，就会自动弹射出一种类似标枪的装置，里面含有可致麻痹的毒素。

**大小对比**

**放射对称**
狮鬃水母的身体结构都均匀地分布在一个假想的中心轴周围。

**肠腔**
肠腔被分为4 个囊，从这4 个囊延伸出一系列精密的管道，可实现消化、排泄和呼吸等功能。

**伞膜**
伞膜呈黏稠的胶状，其密度是一致的，在伞的边缘处会明显变薄。

### 移动

受到其肌肉的限制，狮鬃水母只能通过节律性的收缩进行垂直的和水平的位移。

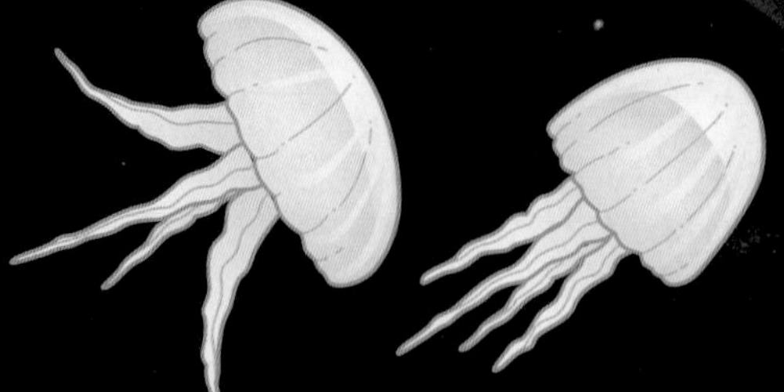

**1 松弛的伞形**
水能够进入肠腔。

**2 收缩的伞形**
把水从体内排出，并把排出的水作为助推器。

**触须**
触须环绕着口生长，触须内的刺细胞有助于捕获和消化食物。

外胚层
中胶层
内胚层

**双胚层特征**
只有两个胚层（外胚层和内胚层），被一层组织分隔开，这层组织叫作中胶层。

**口**
这是水母肠腔的唯一开口，水、食物以及废弃物都从这里进出。

## 刺丝囊

当刺细胞接触到其他动物的躯体时，刺细胞就会变形，进而释放出原本在囊内盘旋着的刺丝，刺丝像飞镖一样喷射出来，扎入被害者的皮肤并注入刺激性液体。

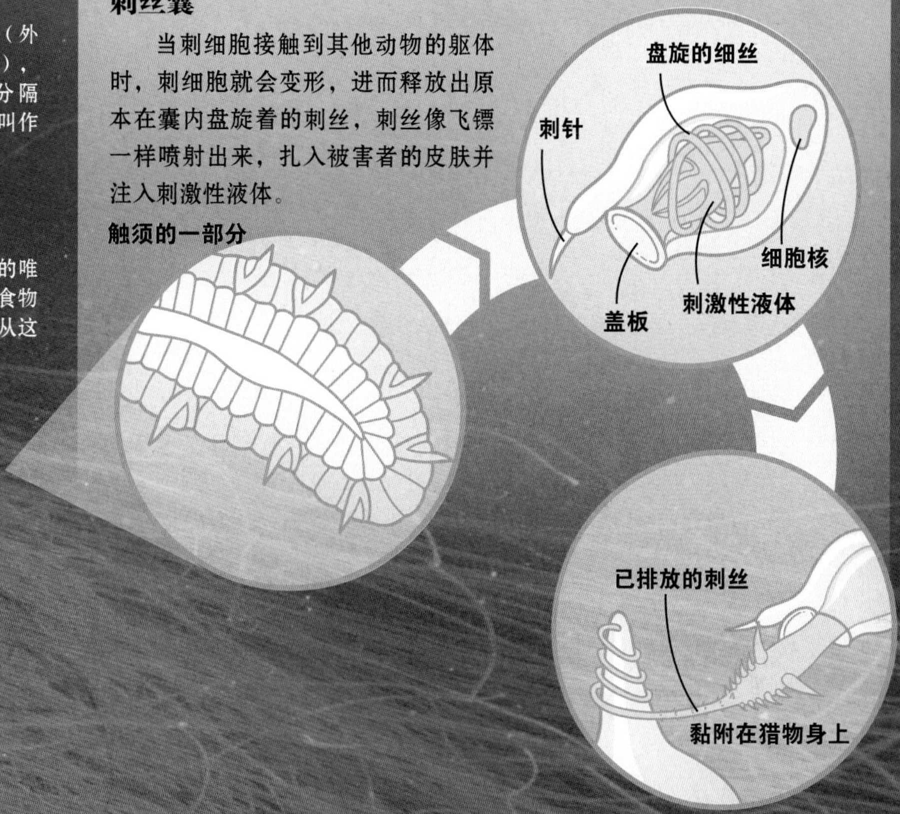

触须的一部分

盘旋的细丝
刺针
细胞核
盖板
刺激性液体
已排放的刺丝
黏附在猎物身上

## 捕食

**1 捕捉**
水母用触须包围、缠绕进而麻醉猎物。

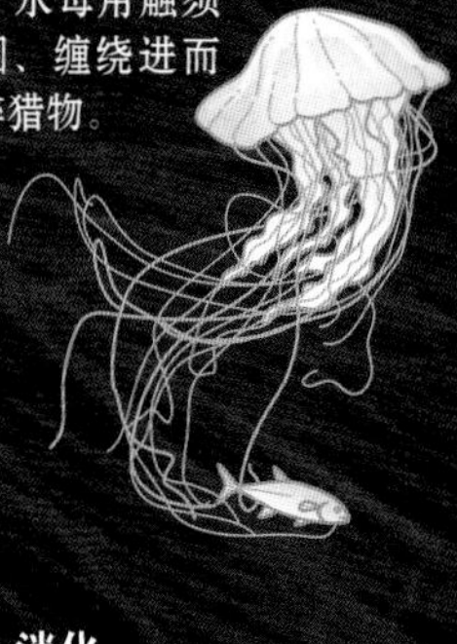

**2 消化**
在消化酶的作用下，猎物在肠腔内被消化。

# 海葵与真珊瑚

**门：刺胞动物**

**纲：珊瑚纲**

**亚纲：珊瑚亚纲**

**目：6**

**种：约4300**

珊瑚纲的特点是个体以群居状态生存。肠腔由可增大吸收面积的纵向隔膜分隔。海葵或六放珊瑚亚纲拥有的触须和隔膜数目都是6或6的倍数。有些种类拥有光滑的外表（例如海葵），有些则拥有一只或多只珊瑚虫寄生的外骨骼（例如真珊瑚）。

*Heteractis magnifica*

## 公主海葵

体长：1米
栖息地：海洋
分布范围：印度洋、太平洋

公主海葵独居或群居于水下岩石顶层，能接受日光直射的地方，与虫黄藻关系密切。寄生的虫黄藻决定了宿主的颜色，可呈粉、紫、白、褐或橙色。当察觉到攻击或周围环境不利时，它们会收缩甚至完全卷起触手。

**寄生物种**

小丑鱼（*Amphiprion nigripes*）藏身在海葵中躲避天敌。

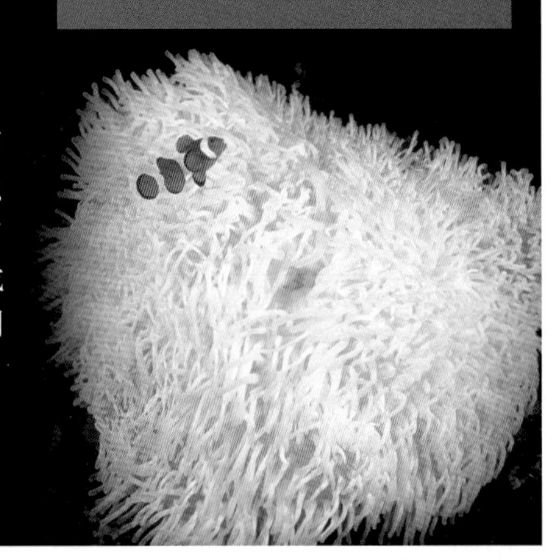

*Antipathes pennacea*

## 黑角珊瑚

体长：2毫米（珊瑚虫）
栖息地：海洋
分布范围：美洲热带海域

虽然名叫“黑角珊瑚”，但这种珊瑚却呈红色或棕褐色。由主干分出长长的枝丫，从这些枝丫上又长出颜色更淡的枝丫。人们常把它们与海藻或死去的植物相混。低温有利于其繁殖，因此通常生长在水深30米左右的海底洞穴中或岩石下，这在珊瑚生物中并不常见。由于用这种珊瑚制成的珠宝极其明艳夺目，具有非常高的经济价值，因此，它们也被人称作“王珊瑚”。

*Anemonia viridis*

## 沟迎风海葵

体长：10厘米
栖息地：海洋
分布范围：大西洋欧洲沿岸

沟迎风海葵的体色随着寄生其表面的单细胞共生藻的数量和种类的变化而变化，可能呈绿色、棕褐色或灰色。多数时间呈收缩状态，触手可多达200只，但不可同时收缩。

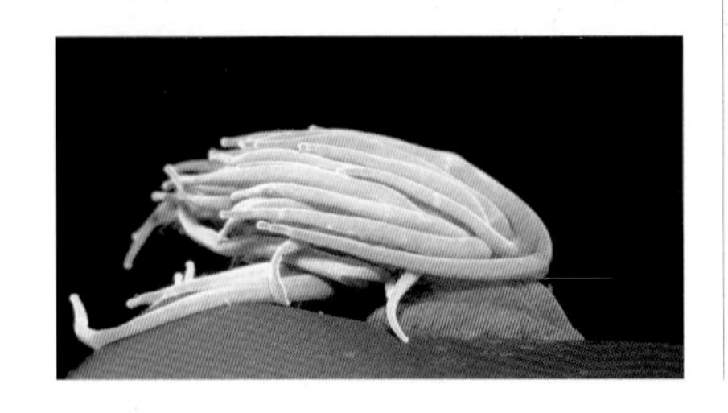

*Acropora sp*

## 鹿角珊瑚

体长：2毫米（珊瑚虫）
栖息地：海洋
分布范围：热带海域

鹿角珊瑚由群居的珊瑚虫堆砌而成，这种珊瑚虫能将溶解在水中的钙质吸收到它的组织里，也因此具有一层钙化表皮，表皮上的孔洞是某些微生物的栖息地。组成本体与钙质外皮的珊瑚虫均呈白色。聚居的珊瑚虫为肉食性，牙齿由浮游生物构成。感受到威胁时会收起触手。

**栖息地**

为方便单细胞共生藻的生长，此种珊瑚栖息在能接受阳光直射的透明水域中。

# 软珊瑚

门：刺胞动物

纲：珊瑚纲

亚纲：海鸡冠亚纲

目：8

种：约3000

八放珊瑚是属于刺胞动物门的腔肠动物，其珊瑚虫拥有 8 条枝状触手，且肠腔被 8 片隔膜或肠系膜分隔开来。八放珊瑚包括喜爱群居的角珊瑚与软珊瑚，这些珊瑚的中胶层中有聚合程度不一的钙质骨针，某些个体的中心有能加固结构的角质材料，即珊瑚硬蛋白。

*Gorgonia ventalina*

## 柳珊瑚

体长：1.5 米
栖息地：海洋
分布范围：加勒比及百慕大海域

柳珊瑚由数以万计的珊瑚虫堆砌而成，而这些珊瑚虫聚居在自己分泌出的钙化枝状骨骼之上。当口周围的触手收缩时，可以看到位于其间的小孔。柳珊瑚多生长在水质清澈的浅海水域，栖息深度为 2 米左右。为了对抗这个深度的强劲洋流，它们底部的吸盘能够牢牢地抓住底土层。

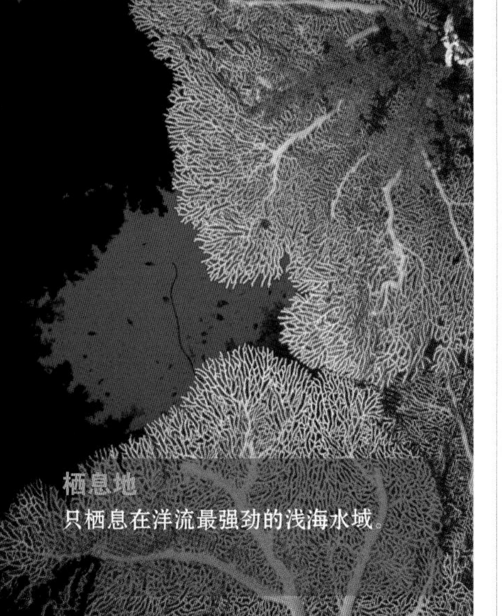

栖息地
只栖息在洋流最强劲的浅海水域。

*Dendronephthya sp*

## 棘穗软珊瑚

体长：20 厘米
栖息地：海洋
分布范围：太平洋、印度洋

棘穗软珊瑚生长在洋流强劲的海域，且阳光无法直射的阴暗洞穴或悬岩下。在这种条件下，海藻无法繁殖，从而避免了与其他物种竞争。棘穗软珊瑚形状类似小树。

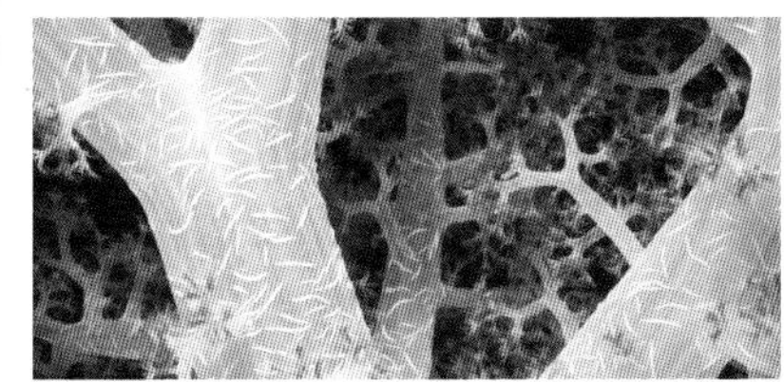

*Tubipora musica*

## 笙珊瑚

体长：直径 1.5 米
栖息地：海洋
分布范围：太平洋、印度洋

笙珊瑚外表呈红色，而其珊瑚虫却是灰色或绿色的，可以将身体缩回到骨架孔洞之中。珊瑚虫平行并列分布，每个个体之间通过一种通道网络连接。

*Ptilosarcus gurneyi*

## 海笔

体长：3 毫米（珊瑚虫）
栖息地：海洋
分布范围：全世界
温带海域、热带海域

构成海笔的珊瑚虫分工十分明确，其中某些个体失去触手变成坚实的根茎，也就是底部主轴；其余珊瑚虫从这根中心茎上舒展开来，以形成功用不同的结构，如制造内部水流、进食或是繁殖。这种珊瑚的栖息深度可达 10 米。

生长
主轴上的圆环标志着海笔的年龄。

发光海笔
被触摸时，这种海笔可发出绿光。

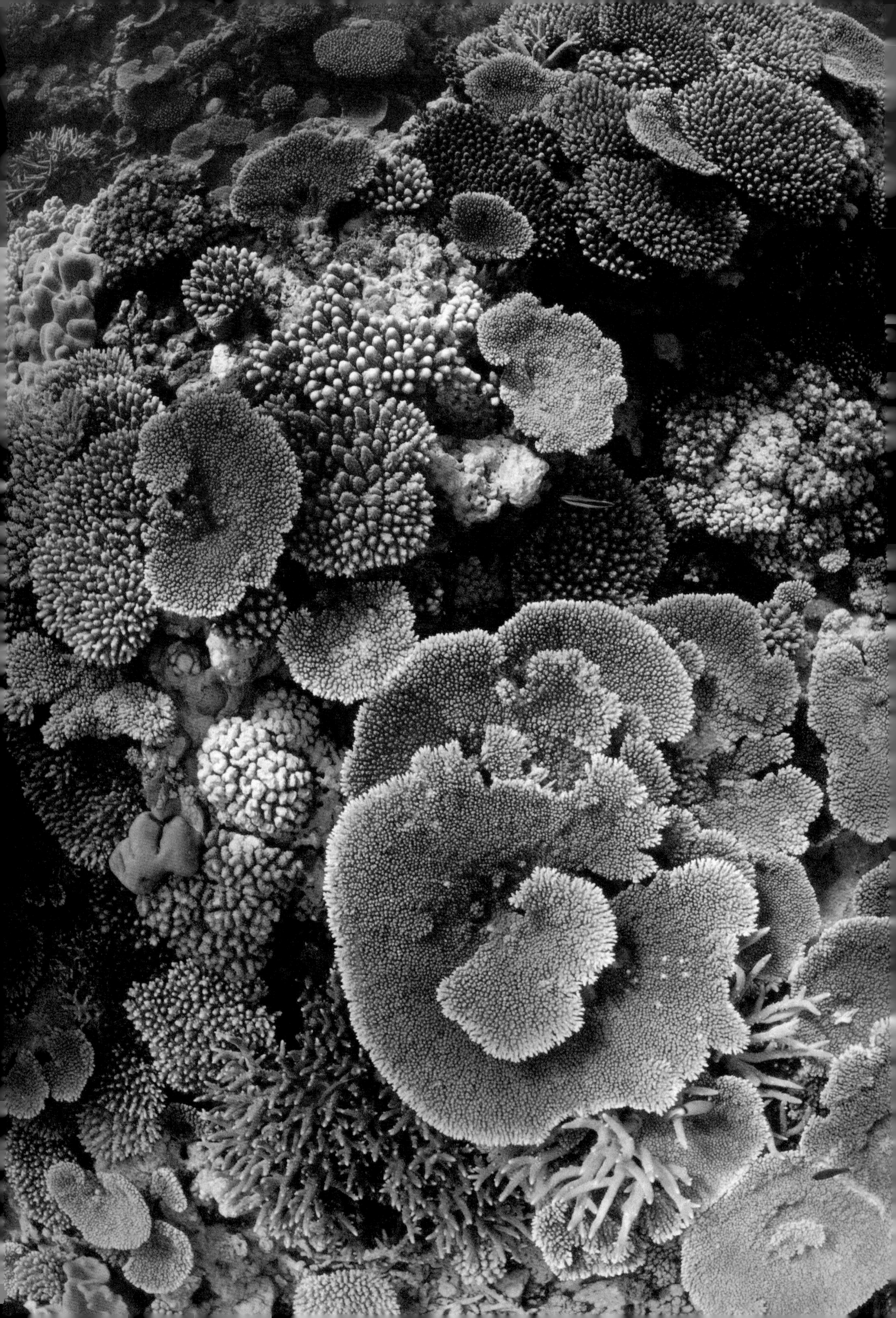

# 小小海底建筑师

珊瑚礁虽然只覆盖了地球表面很小的面积，但它却庇护了约1/4的海洋生物。它们一起构建了地球上最大型的生物结构。而由珊瑚礁构成的环形岛屿不仅引发了激烈的讨论，同时也奠定了进化论的基础。

**植物还是动物?**

虽说很多种珊瑚看起来很像灌木，但它们却是由数以万计的微小生物群落构建而成的。这些小生物被称为珊瑚虫，它们寄居在自己分泌出的坚硬外壳上。

达尔文乘坐的小猎犬号——“贝格尔”号舰的任务之一就是研究珊瑚礁。当时，这些巨大的环形岛屿令人们十分费解。关于其本质的讨论可以为当时激烈的争论提供宝贵的信息：地球的变化究竟是一个缓慢的渐进过程，还是灾难性事件？与达尔文同时代的地理学家查尔斯·赖尔已提出了假设。在他看来，这些环状岛屿，或者说环礁，是因海底火山口周围珊瑚的生长而形成的。这也就解释了为什么它们总是呈现出完美的环形。达尔文在他的环球之旅中走过了无数岛屿，通过大量细致入微的观察，他得出了另一种绝妙的假设。这种解释并非基于地质学理论，而是出自生物学的一条基本原理：生命的延续。他也由此提出了至关重要的生物进化论。

珊瑚礁外形似岩石，结构错综复杂，呈现树枝状、罐状、管状、星状等多种奇妙的形态。它们是海洋生态系统中最为多样的组成部分，并为生存在其周边的大多数生物提供了庇护。这些生物包括约5000种软体动物、2000余种鱼类，而其他各类小型生物和微生物的数目则更为可观。珊瑚礁多生长在水流湍急而清澈的热带海域之中，由于其斑斓的色彩与奇妙的形态，在海洋中呈现出无与伦比的美丽面貌。除此以外，某些寒冷海域中也有珊瑚礁的身影。珊瑚礁最引人注目的一点是它们是由细小而脆弱的“小小建筑师”构建而成的。这些“小小建筑师”就是珊瑚虫，它们形似海葵，只有几毫米长。幼虫时期为浮游生物形态，但很快就会固着在坚硬的平面上。它们身体的一部分会开始分裂，由此诞生出新的个体。每一只珊瑚虫都会长出外壳或是由碳酸钙覆盖，被困在壳中的珊瑚虫与近处的同类相连接。

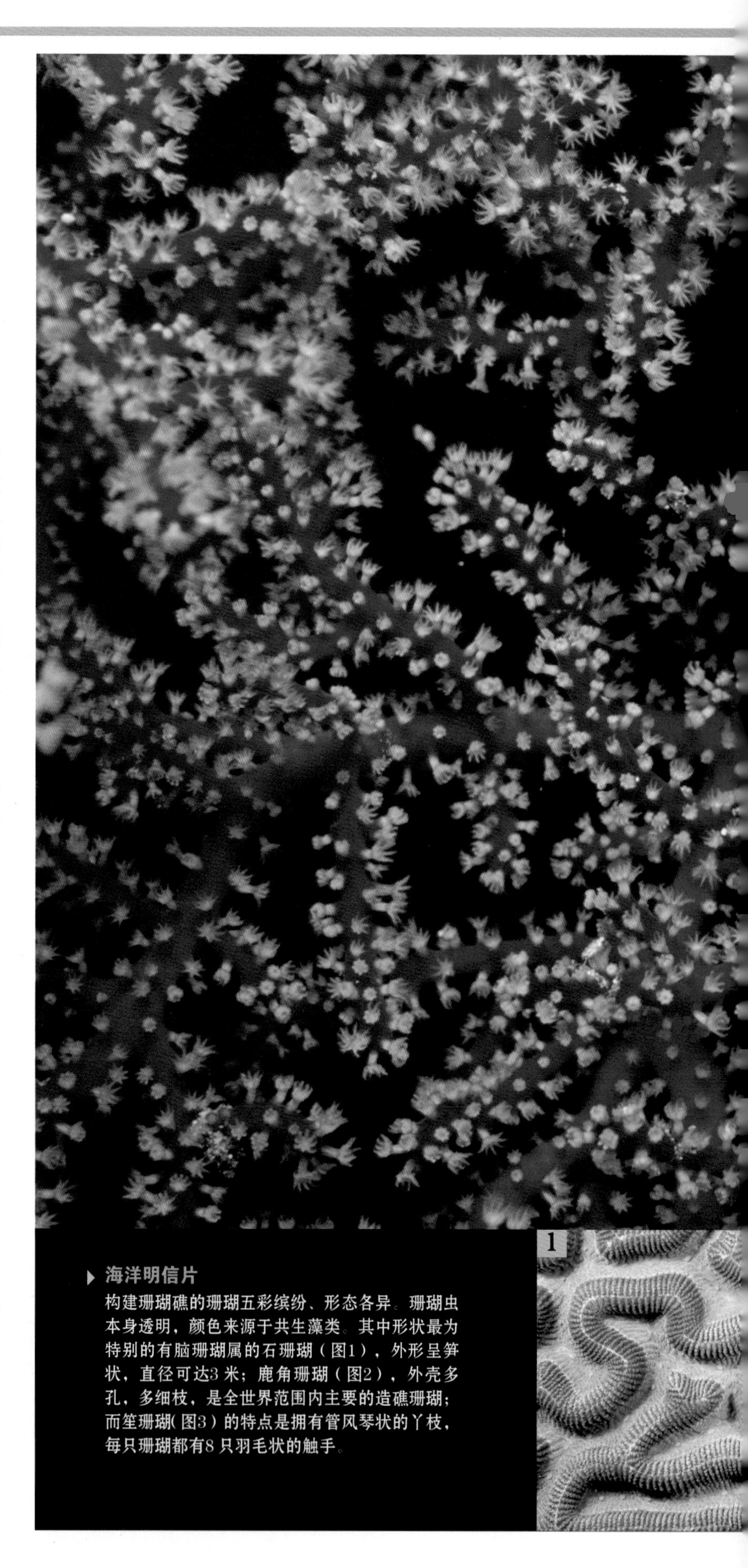


**海洋明信片**

构建珊瑚礁的珊瑚五彩缤纷、形态各异。珊瑚虫本身透明，颜色来源于共生藻类。其中形状最为特别的有脑珊瑚属的石珊瑚（图1），外形呈笋状，直径可达3米；鹿角珊瑚（图2），外壳多孔，多细枝，是全世界范围内主要的造礁珊瑚；而笙珊瑚(图3）的特点是拥有管风琴状的丫枝，每只珊瑚都有8只羽毛状的触手。

2
3

**环状岛屿**

环礁即珊瑚岛，因内湖的存在，多呈环状。根据达尔文的理论，环礁是由海中山峰下沉而形成的。

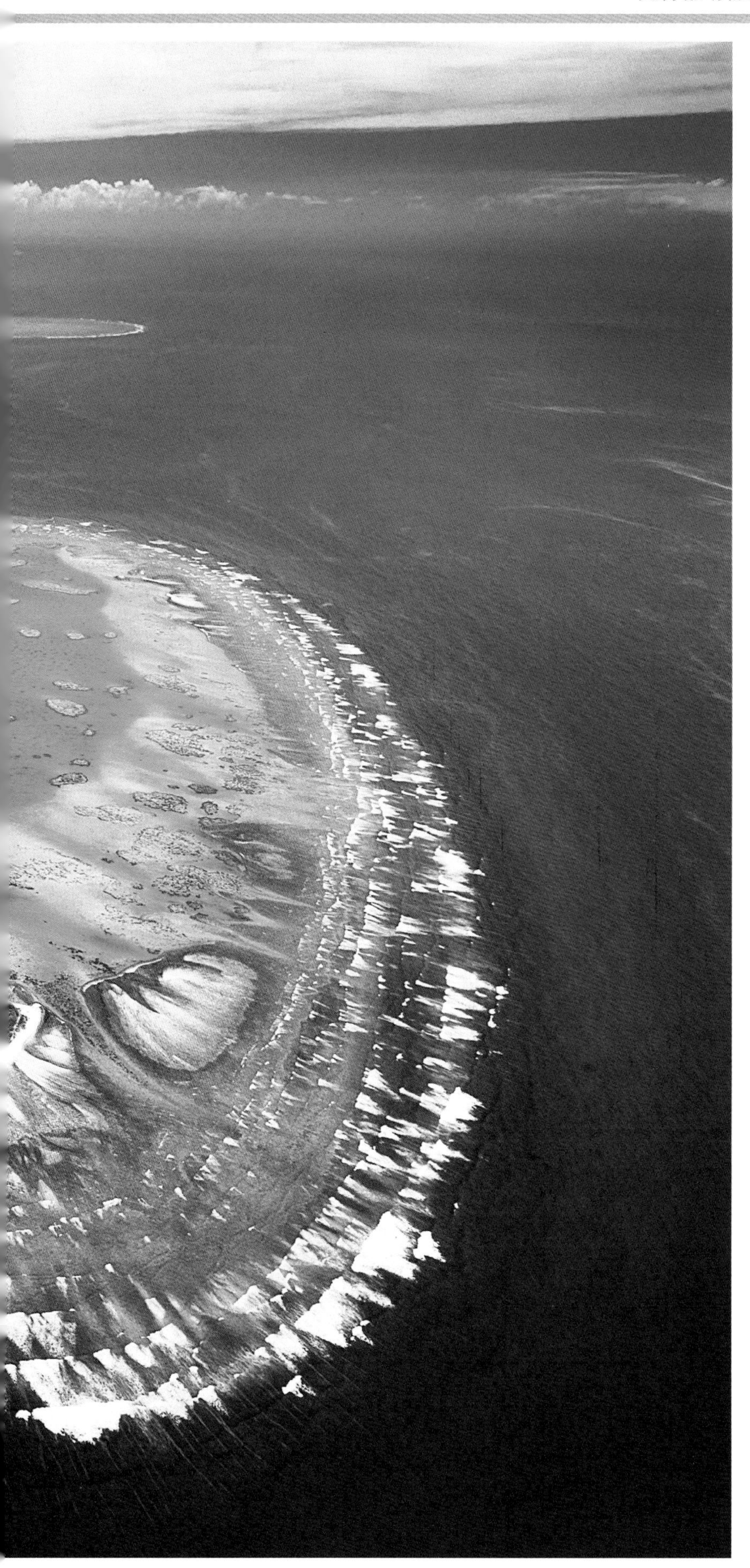

这些外壳叠加在一起就构成了珊瑚群落，并最终形成了蔚为壮观的水下珊瑚城堡。同植物一样，一旦失去光照，珊瑚虫很快就会死去，而这是其所依附的共生藻类死亡的缘故：共生藻类用珊瑚虫生长所需的营养物质交换珊瑚群落中得天独厚的生存环境。因此，珊瑚不会生长在深度超过 100 米的海域。

我们已经提到珊瑚礁的三种基本类型。岸礁沿海岸生长，可绵延 1000 千米；堡礁则与海岸平行，礁体与海岸之间隔有浅浅的潟湖；最后是引发赖尔和达尔文猜测的环礁。在解释这些环礁的形成原因时，达尔文所面对的最大挑战就是弄清这些聚集在密实石质表面的弱小生物是如何形成环状岛屿的，有时甚至是完美的环形。达尔文推断，珊瑚世代更迭所留下的外骨骼增大了珊瑚礁的高度与厚度。如若某一方岛屿因为地壳运动沉入海底，那么围绕这方岛屿生长的珊瑚族群为了恢复原有光照水平，势必要升高到原有的高度。岛屿继续下沉的话，珊瑚种群也不得不继续升高。很快，岛屿完全沉入水中，只留下环状珊瑚礁，它也是岛屿曾经边界的证明。

近来的观察表明，珊瑚的生长速度能达到每 1 千年 9 米。不过，这也只是理论数据罢了。如同地壳变迁一样，珊瑚本身的生长速度十分缓慢，几不可察。某些珊瑚礁的基层中甚至能够找到 1 万年前的珊瑚外骨骼化石。某些珊瑚个体的生长速度却相对较快。

某些特定的种类，例如盘珊瑚，每年直径生长的速度可达 30 厘米。但海浪拍击的剥蚀作用、海水化学腐蚀作用以及以珊瑚为食的海洋生物的沙化行为，都使得珊瑚的生长过程变得无比缓慢。

# 扁形动物和纽形动物

扁形动物是能定向运动的所有生物中最简单、最原始的。它们的身体细长并已分极，扁形动物是最先拥有明显头部和集中化神经系统的两侧对称生物。扁形动物门包括自由生活的纲——涡虫纲和对健康至关重要的寄生虫类。扁形动物和纽形动物的特征以及整体结构都很相似。

# 一般特征

扁形动物都是虫类，它们在体积、形态和生活方式上各不相同。在体积上，最小的扁形动物只有几毫米，而最大的能达到数米。在形态上，它们有的呈带状，有的呈盘状或片状。涡虫纲的扁形动物能够自由地生活，它们可以生活在任何环境中，包括潮湿的陆地。扁形动物的其余两个纲则过着寄生生活。扁形动物都是两侧对称生物，它们的外胚层和内胚层之间被中胚层组织或间叶细胞完全填充（三胚层、无体腔）。

| 门：扁形动物门 |
| --- |
| 纲：5 |
| 目：33 |
| 科：约400 |
| 种：约2 万 |

短膜壳绦虫

这是一种在人类和老鼠体内最常见的绦虫，人和老鼠会因食用被携带绦虫虫卵的昆虫所污染的谷物而致病。

它们是身体扁平、两侧对称的生物，有的体长不足1毫米，也有的可长达数米。它们中的大多数生活在寄主的体内或体表。体腔、循环系统以及呼吸系统的缺失让这些动物身体呈扁平状，仅有背腹两面，同时它们的肌肉也很不发达。它们依靠简单的弥散作用来完成营养和气体的内部分配，以及新陈代谢废弃物的排出，毕竟它们的排泄器官也很原始。它们的口大多位于腹部表面，伴有一个咽，咽的形态在不同的种群中各有不同。接着是肠（没有肛门），根据不同的寄生生活方式，肠的形态也随之调整。涡虫纲的生物多是肉食性动物，其体壁能分泌大量黏液，并用之捕捉猎物。它们没有用于移动的附肢，营自由生活的扁形动物更多地靠体壁上的纤毛移动，而不是靠肌肉的收缩。它们的一些细胞能制造黏蛋白质的杆状体，在排出体外时能生成一种含黏液的颗粒，这种颗粒具有防御的功能。

## 看不见的保护层

多数扁形动物都是营寄生生活，它们有许多必不可少的特性。其中最显著的就是它们的体壁，也叫作皮肌囊。这是一个由细胞质构成的表层，不具有细胞壁，其细胞核和细胞体沉入到间质中。这层体壁赋予寄生虫抗酶及免疫的能力，防止它们被寄主消化掉。对于猪带绦虫来说，由于没有肠道，其体壁会进行折叠，形成大量微毛，以增加吸收营养的表面积。而对寄生虫而言，用于移动的纤毛只存在于幼虫阶段。

## 组织的再生和繁殖

扁形动物的繁殖能力非常卓越：假如涡虫身体的一部分从躯干上脱落，这一部分将会生出完整的涡虫。此外，它们有很强的无性繁殖的能力。大部分扁形动物是雌雄同体的，它们的受精方式是体内受精，而其生殖器官算是动物世界里特别复杂的一种。

多样性

扁形动物门所涵盖的物种极为多样，它们小到几微米，大的长达数米。既有陆地生的种类，也有水生的种类。水生物种在淡水和海洋中都有分布。

## 分类

**涡虫纲**：涡虫纲大部分动物营自由生活，它们的分类具有争议性，但根据消化系统和神经系统的差异进行区分，它们主要有三条进化主线。栖居在水中或者非常潮湿的环境中。咽可以伸到身体之外。这一纲包括淡水涡虫和颜色鲜艳的海生涡虫。

**吸虫纲，单殖亚纲**：它们呈叶片状，有前固着器（口部吸盘）和结构复杂的后固着器（后吸器）。其尺寸从几毫米到2厘米不等。每一个虫卵都会生成一个游动的幼虫，它们会固定在最终寄主的体内，在那里长成成虫。单殖亚纲包括在鱼类、两栖动物和爬行动物的体表或半体表（寄主体外或通向体内的开放腔中）寄生的无脊椎动物。鱼类的鳃一旦感染单殖亚纲寄生虫，就会大量死亡。

**吸虫纲，复殖亚纲**：这一亚纲包括体内寄生的肝片形吸虫，呈长长的片状，同样具有两个吸盘，分别在口部和腹部（基节臼）。这一亚纲生物的数量最多，它们的生命周期很复杂，有多种形式的幼虫（如毛蚴、胞蚴、尾蚴和囊蚴等）和至少两个寄主。它们在第一个寄主体内经历多个幼虫阶段，几乎像一个软体动物。成虫会寄生在任何脊椎动物体内，也包括人类。吸虫纲中最为人熟知的种类是肝片形吸虫。据估算，全世界约1/4的牛和羊都会受到这种寄生虫的侵害。被这种寄生虫侵入体内后会产生严重的肝病损伤，甚至致命。

**绦虫纲，真性绦虫亚纲**：这一亚纲包括有钩绦虫和普通绦虫。体内寄生的成虫身体呈带状，被分为小的单元（节片），前固着器有钩子或者吸盘（头节）。没有消化系统。绦虫纲通常是雌雄同体的，每一个节片都有生殖器官。在受精之后，身体后部几个充满受精卵的节片会从身体上脱落，同寄主的排泄物一起排出体外。受精卵会变成一只带有6个钩子的幼虫（六钩蚴）。它们的生命周期非常复杂。有的绦虫阶段性地在水中生活，有的完全在陆地上生活，所以不同的绦虫有不同种类的幼虫和寄主。当寄主摄入虫卵后，会引发严重的疾病，比如囊虫病或者棘球虫病。牛带绦虫是最著名的绦虫之一，其长度可达9米，最多能有2000个充满虫卵的节片。当这些节片断开，虫卵就会随寄主的粪便排出体外。被其污染的牧草又被牲畜食用。虫卵进入牲畜体内后，会在其肌肉中生长。人类在吃到生的或不全熟的牲畜肉时就会感染寄生虫。另一个极端案例是一种叫细粒棘球绦虫的带钩绦虫，可导致包虫囊肿。

## 纽形动物门或吻腔动物门

这些"带状虫"是贪食的肉食性动物，它们用一种可外翻的管状嘴来捕食猎物，这种嘴里通常有牙齿，能分泌有毒物质。这一门的大部分生物是在海洋中营自由生活的，也有一些是淡水生、陆生且共生的。在纽形动物的身体中首次出现了肛门和简单的循环系统，这个循环系统的功能是在纽形动物实心且不分节的身体中分配气体和营养物质，这使纽形动物和扁形动物在身体构造上得以区分开来。纽形动物多数是雌雄异体的。

长条状

这些虫类极其细长。有些物种的体长能超过30米。

# 涡虫

**门：扁形动物门**

**纲：涡虫纲**

**目：12**

**种：4500**

涡虫是小型的扁形动物，基本都属于营自由生活。它们通过纤毛在海底或者淡水中移动，也有少数居住在潮湿的陆地上。腹部的口可延续到咽，咽是可伸缩的，构造相对复杂。接下来是肠，它分成多个分支，蔓延到体内各个角落。它们有多种感官，其中比较突出的是眼点。

*Pseudoceros dimidiatus*

## 断裂扁形虫

体长：8 厘米
栖息地：海洋
分布范围：印度洋和太平洋西部

它们身躯较大、边缘弯曲，艳丽的颜色标示着它们所具有的毒性。大约有100个眼点、1个折叠的咽和有许多分支及憩室的肠道。在它们的腹部有1个肌肉发达的、黏着的腺体。它们的雌性繁殖器官是涡虫中最原始的，卵巢产生卵子，其细胞质中装有储备物质，生长中的幼虫就以这些储备物质为食。雄性交配器位于躯体的前部。栖居于珊瑚礁。

伪触手
身体前端表面有褶皱。

*Dugesia tigrina*

## 虎纹三角涡虫

体长：3~12 毫米
栖息地：淡水
分布范围：遍布世界各地

常见涡虫，呈棕色，拥有1对眼点和1对用来嗅味的头部突起。进食的时候会展开它圆柱形的咽。咽的下方是一个有3条分支的盲消化道。能通过交配产生多个胚胎。

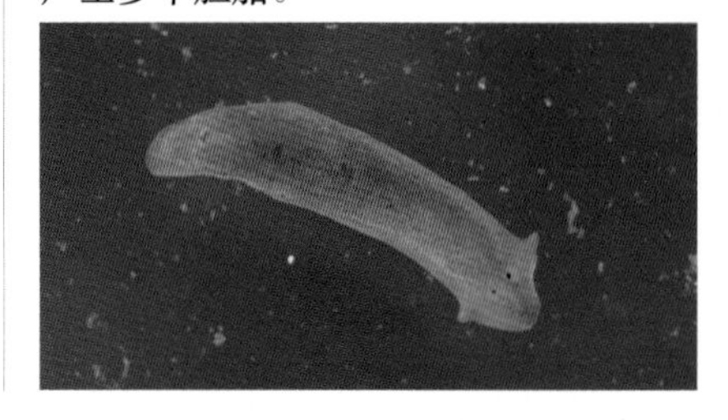

*Thysanozoon brochii*

## 蜡涡虫

体长：5 厘米
栖息地：海洋
分布范围：地中海和大西洋东部

它们的身体形似树叶，呈棕红色，尽管有时会根据所处的位置变为黄色色调。生活在岩石基质及各种底栖生物的集群上，比如海绵动物或者苔藓虫。栖息深度可达80米。当它们探测到食物，比如被囊类动物或者小型甲壳纲动物，就会分泌黏液并包裹住猎物，投射出咽，吮吸猎物的营养。由于没有肛门，所有不易消化的成分都会通过口排出体外。

*Pseudobiceros hancockanus*

## 贝德福德扁形虫

体长：8~10 厘米
栖息地：海洋
分布范围：印度尼西亚、马来西亚、肯尼亚和澳大利亚

这种扁形虫身体底色为黑褐色，分布着典型的横条纹图案，条纹为红色或黄色。以海鞘和海湾或珊瑚礁周围的小型甲壳类生物为食。雌雄同体，但与扁形动物门的其他成员不同的是，它们的繁殖方式非常奇特——在交配时，两个雌雄同体的贝德福德扁形虫要经历一场决斗，因为双方都试图用双头匕首状的白色阴茎让对方受精。当一方的阴茎刺进对方皮肤并将精子注入对方体内时，它便赢得了决斗的胜利。而它的对手便要承担做母亲的责任。这种试图让“性伴侣”受精的战斗一般持续20分钟到1个小时。

# 寄生虫

**门：扁形动物门**

**纲：2**

**亚纲：6**

**种：约1.55 万**

扁形动物中的寄生种群有着特殊的体壁，在这些种群中，有单殖类的肝片形吸虫（体表寄生虫）和多种体内寄生虫。后者包括复殖类的肝片形吸虫和绦虫。它们在幼虫或者成虫阶段会对寄主的健康造成很大损伤，甚至导致寄主死亡。

*Taenia solium*

## 猪肉绦虫

体长：3~4 米
生存环境：活体，猪与人类
分布范围：全球（除禁止食用猪肉的国家）

**生存**
虫卵在发育成熟之后被排出，虫卵上覆盖着一层厚厚的保护层，以防止虫卵变干。

成虫呈淡黄色。通过吸盘和带移动钩的纤毛冠紧紧地吸附在动物的小肠上生活。身体分为几段，每段都拥有 5 万 ~6 万颗虫卵。当绦虫的身体分裂时，这些虫卵会随着排泄物从寄主体内排出。

*Fasciola hepatica*

## 牛羊肝吸虫

体长：2~3.5 厘米
生存环境：其他活体腹足软体动物和哺乳动物体内
分布范围：美国、澳大利亚和南非

牛羊肝吸虫呈椭圆形，有两个吸盘，宽为 1~1.5 厘米。

体色呈白色或灰棕色。外皮表面呈褶皱状，以便更好地吸收营养物质。

寄生在草食性动物、杂食性动物甚至人类的胆管和胆囊中，它们的名字也由此得来，也会把虫卵存放在寄主的这些部位。其繁殖能力取决于其所处的生态条件和营养的摄入。

*Gyrodactylus sp.*

## 三代虫

体长：0.3~1 毫米
生存环境：寄生在淡水鱼类身上
分布范围：热带

三代虫是一种单基因的椭圆形寄生虫，身体后缘有数个小钩，中间有 2 个大钩，可帮助它们固定在寄主身上。它们寄生在鱼的皮肤或者鱼鳃上，同时能够攻击鱼类身体的任何部分，甚至眼睛。在寄生的早期，由侵入导致的症状尚不可见，只能靠观察鱼的行为来判断；但随着寄生时间的延长，鱼的皮肤会发红、变暗。靠吸食寄主的血液为生，在寄主死亡后仍然可以在短时间内存活。繁殖出的新三代虫有一段幼虫阶段是营自由生活的，直到找到新寄主为止。

*Schistosoma mansoni*

## 曼氏裂体吸虫

体长：10~12 毫米
生存环境：寄生在扁卷螺和人类体内
分布范围：非洲和南美洲、安的列斯群岛的热带地区

曼氏裂体吸虫是唯一的雌雄异体的复殖类寄生虫，身体细长。雄性曼氏裂体吸虫腹部有一条抱雌沟，雌虫可以钻进这里与雄虫进行交配。雌虫比雄虫体形更细、颜色更深。雌虫和雄虫分开后，会沿着人类结肠的主静脉游向毛细血管，并把虫卵排放在毛细血管中。如果虫卵被困在人体组织内，就会引发血吸虫病。而如果虫卵能穿过肠壁，则会随着寄主的排泄物被排出。当排泄物中的虫卵接触到水源时，会孵化生成一种血吸虫毛蚴，毛蚴会在水中寻找它的中间宿主——钉螺。

**雌性与雄性**
雌性和雄性曼氏裂体吸虫最大的区别在于体形。雌虫只有0.11 毫米长，而雄虫长达10~12 毫米。

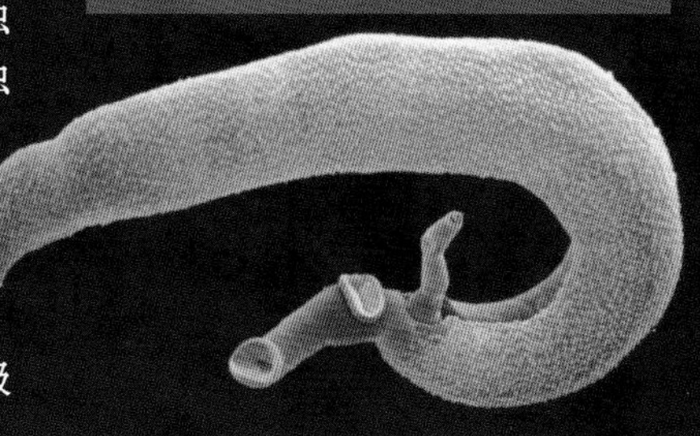

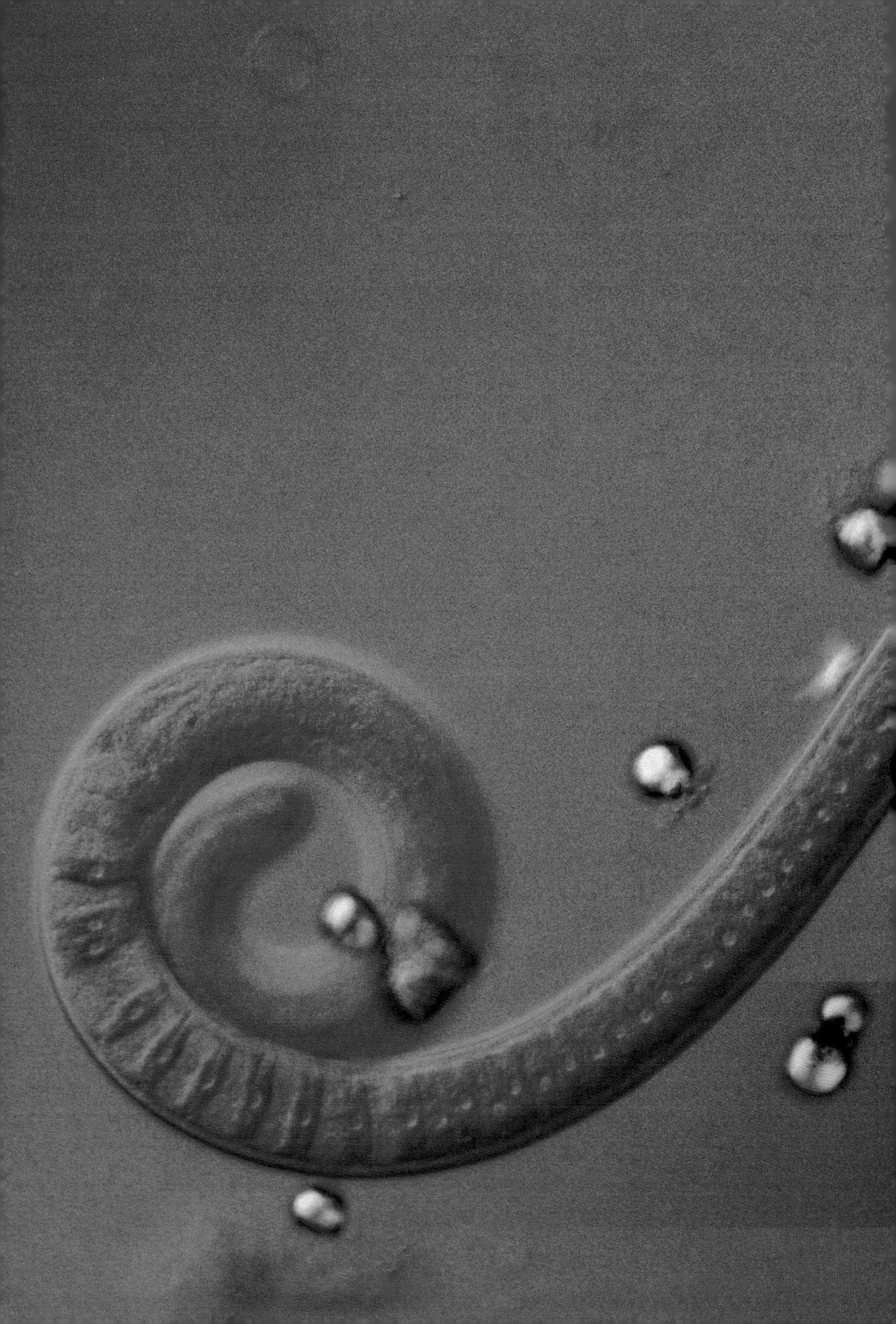

# 线虫动物及其他

线虫和其他两侧对称动物的身体形态像一个充满液体的囊，其中的内脏都是独立于体壁的。我们把这种假体腔动物统称为“袋形动物”。如今人们通常认为，线虫和节肢动物关系十分密切，它们共同组成蜕皮动物（蜕皮，即换羽）。

# 一般特征

圆虫（又称线虫）体形细长，它们是两侧对称的假体腔动物，没有分节，但有厚厚的角质层。角质层的存在，使线虫得以适应几乎所有环境：它们能忍受干旱、急剧的气温变化以及各种化学试剂。绝大多数线虫营自由生活，但有些也是植物寄生虫、动植物寄生虫和动物寄生虫。其中，动物寄生虫由于其对农业和健康的重要影响而最为人所熟知。

| 门：线虫动物门 |
|---|
| 纲：2 |
| 目：12 |
| 科：约160 |
| 种：约2 万 |

**蛔虫**
蛔虫的后端不同于泡翼线虫属的生物，它具有尾侧滑膜囊，两个骨针，中部有泄殖腔。

## 圆柱状体形

线虫动物身体细长，表面由柔韧的角质层包裹，这使线虫动物有了圆形的身体横截面。线虫的头部很难辨认，因为它并不是进行头向运动的。线虫动物具有第三个胚胎，它部分填充了胚腔，让内脏脱离假体腔独立存在，而不像真体腔动物那样，内脏被中胚层的腹膜包围着。尽管如此，真体腔动物和假体腔动物之间仍具有一些共同的适应能力。假体腔内充满液体，有利于线虫的运动，能起支撑作用，能在肌肉的帮助下伸长嘴和附肢，等等。同时假体腔可以作为营养物质和气体的仓库和运输载体。线虫动物只具有纵肌，其作用是在体腔液体中像鞭子一样摆动，从而像波浪一样从身体的一端移动到另一端。这种收缩纤维在动物世界中几乎是独一无二的，因为它们是通过细胞的延长去寻找主神经索，而不是像其他大多数动物那样，情况正好相反。

线虫的饮食结构各不相同：有些是肉食性的，有些是草食性的，而生活在沉积物中的线虫则以细菌和真菌类植物为食。线虫的消化道是完整的，口后有一个口囊，口囊内壁角质层加厚，形成了唇、钩、齿、板或者乳突。

口囊之后为咽（饮食结构不同，咽

### 解剖构造

线虫身体呈线状，营自由生活的种类长度一般不会超过2毫米。雄性线虫体形相对较小，可以通过其弯曲的尾部和雌虫相区分。其消化系统包括口腔、食管和肠道。口中一般具有适用于进食的刺。从横截面图能看到其厚厚的角质层和特有的纵向肌理。

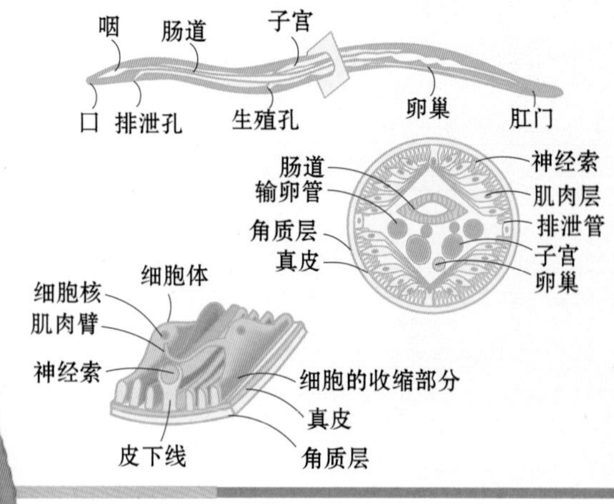

## 运动

线虫通过身体的波浪式运动进行移动。在向下凹的区域，其肌肉是收缩的；而在凸起的部分，其肌肉是放松的。

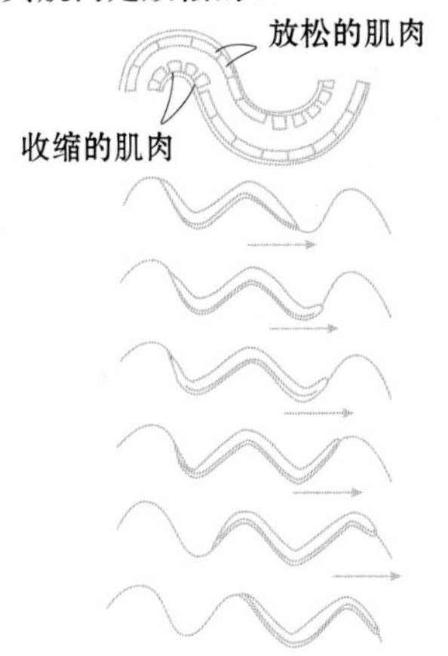


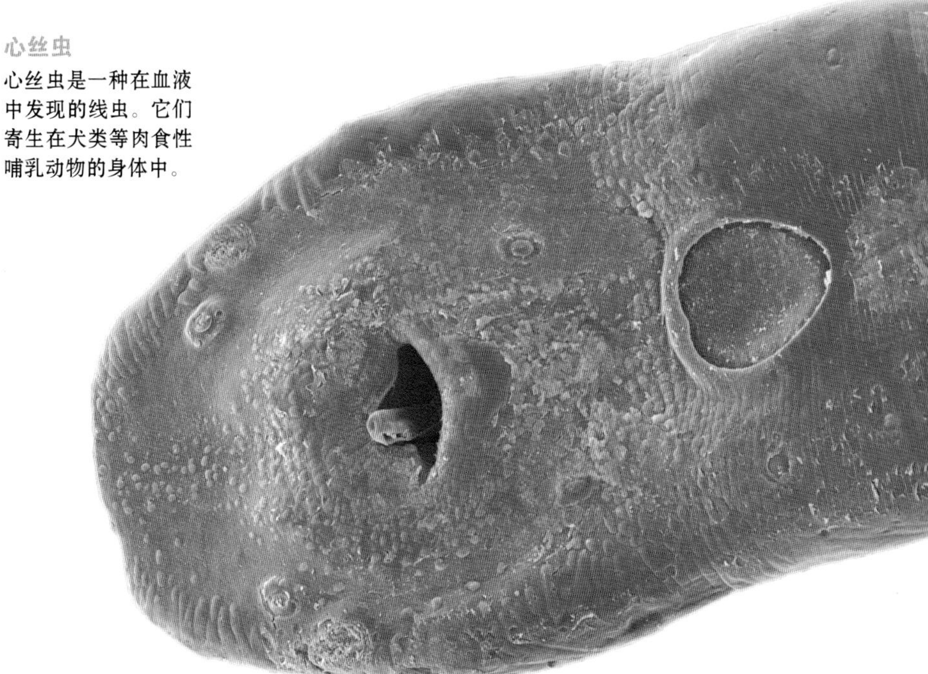

心丝虫

心丝虫是一种在血液中发现的线虫。它们寄生在犬类等肉食性哺乳动物的身体中。

的结构也不同，但内切面都是三角形的）、肠道和肛门，雌性线虫只有简单的肛门，雄性线虫除肛门外还有泄殖腔，这也是它们的生殖系统的终点。循环系统和呼吸系统的缺失限制了线虫的体形，其他寄生虫则没有受到这种限制。线虫具有特殊的代谢用腺型细胞，也称肾细胞，可能伴有“H”形或“Y”形的管形排泄器。其神经系统是由食管周围的一个围咽神经环和一个背神经索及一个腹神经索构成的。由此产生了对刚毛、乳突和某些化学品感受器结构的神经支配：头感器和尾感器。头感器位于身体的前部，而尾感器位于线虫的尾部。

线虫动物是雌雄异体的，并且可以单性生殖。其性别差异很有特色：雄虫体形相对较小，身体一端是弯曲的，且具有协助交配用的交合针。有些种类的雄虫尾部还有一个囊，称为尾囊袋。它们在经历了 4 个线状幼虫阶段后，会蜕变为成虫。在许多寄生物种中，第三个幼虫阶段是有危害性的。成虫不会再蜕皮。

## 冲突关系

自古以来，线虫因为对人类有害而闻名。最古老的事件可以追溯到古代中国，当时由肠道寄生虫，也就是蛔虫而引发的症状已有记载。古埃及的医生描述过某些类型的丝虫病，这是由昆虫叮咬传播的疾病。据一些研究表明，有些地区禁食猪肉的古老禁令可能和旋毛虫病有关，这种病是由旋毛虫引起的。线虫能引起许多疾病，包括对儿童来说高发病率的蛲虫病、钩虫病。许多影响家畜或野生动物的寄生虫都能传染给人类。这样的疾病被称作动物传染病。其中一个例子就是弓蛔虫病，它由猫、狗等家养动物传播给人类，能导致严重的神经系统问题。

## 分类

线虫动物的分类存在争议，其分类主要基于形态学分析和分子构成建模。依据比较传统的形态学分析，线虫动物主要可以分为两个纲目。

有腺纲：有腺纲动物只具有感觉毛和简单无管的排泄器官。它们大多营自由生活，海洋生、淡水生、陆生的都有，也包括少数寄生物种。有腺纲包括两个亚纲：刺嘴亚纲和色矛亚纲。

尾感器纲：尾感器纲动物既有感觉毛又有尾觉器。此外，它们还具有若干层角质层，具有管状排泄器官。它们几乎全部是陆生动物，很少有淡水生和海水生动物。绝大多数寄生物种都是尾感器纲生物。它包括三个亚纲：小杆亚纲、旋尾亚纲和双胃线虫亚纲。

## 其他蜕皮动物

同线虫和节肢动物一样，有许多族群的假体腔动物通过蜕皮的方式生长，其中有的小到用显微镜才能看到。这其中包括：线虫动物门（形状像丝线一样）或者马鬃蠕虫；动吻动物门或棘皮动物门（它们的嘴能动或脖子上有刺）；铠甲动物门（具有骨架或鳞片甲）；鳃曳动物门（取自普里阿普斯，希腊神话中掌管生育的神）。

# 线虫动物

门：线虫动物门

纲：2

目：17~21

科：无数据

种：2.6 万

线虫动物物种数量庞大，每平方米面积内线虫数量之多，使它们成为生命链条中起基础性作用的一个环节，有的线虫甚至对使用生物手段防治虫害具有重要意义。然而，线虫中的寄生虫类也因其对作物和人类健康造成的极大危害而为人们所熟知。

*Ancylostoma duodenale*

## 十二指肠钩虫

体长：1.1 ~ 1.8 厘米
栖息地：陆地
分布范围：亚洲、非洲、美洲和大洋洲的热带和亚热带地区

十二指肠钩虫是一种肠道寄生虫，它能影响人类的健康。根据口的特征可以区别于其他类似的蠕虫。被感染的人每天会通过粪便排出超过100 万颗的虫卵。这些虫卵孵化后，第一阶段的幼虫（杆状）会在粪便或者土壤中生长。它们会在一个星期内完成两次蜕皮，成为丝状幼虫。丝状幼虫能够穿透皮肤，通常是通过足部皮肤进入血管或淋巴管，并通过这些管道到达心脏。继而从心脏迁徙到肺部，沿着气管向上进入消化系统。成虫居住在肠道中，靠吸食组织液和血液为食。

**带钩的牙齿**
钩虫用带钩的牙齿附着到肠壁上，有时可能导致肠道出血。

*Ascaris lumbricoides*

## 蛔虫

体长：30~35 厘米
栖息地：陆地
分布范围：世界范围

它们具有类似于蚯蚓的细长圆柱状体形。能导致蛔虫病，这是世界上最普遍的人体寄生虫病之一。患病始于人类摄入带有虫卵的食物和水，或者与被虫卵污染的患者进行皮肤接触。虫卵进入十二指肠，幼虫在消化液的帮助下从卵中释放出来。随后它们又迁移回十二指肠，在这里完成生长过程，并发育为成虫。雄虫和雌虫在这里繁衍，雌虫每天可以产下 20 万颗虫卵，虫卵随后随着寄主的粪便被排出体外，从而完成了生命的循环。

*Dirofilaria immitis*

## 犬心丝虫

体长：20~30 厘米
栖息地：陆地
分布范围：世界范围

犬心丝虫主要的寄主是家犬，也可以寄生于野生犬科动物体内，如丛林狼、狼和狐狸。通过感染的蚊虫传播，当蚊子叮咬时，会把犬心丝虫的幼虫转移给被叮咬的动物。幼虫进入寄主体内并迁移至身体组织的各个部分。当幼虫发育完成后，年轻的成虫会进入血管，随着血液流入肺动脉及心脏。它们在这里繁殖并释放出幼虫（微丝蚴）。犬心丝虫可能会导致寄主患上心肺疾病、肝脏疾病和肾脏疾病。

*Trichinella spiralis*

## 旋毛虫

体长：1.6 ~3.5 毫米
栖息地：陆地
分布范围：欧洲、亚洲和北美洲南部

旋毛虫会导致旋毛虫病。任何一种哺乳动物只要食用了被感染的生肉，就会致病。人类致病的原因主要是食用了未做熟的带有囊包的猪肉。囊包被摄入体内后，会把旋毛虫的幼虫释放到肠道中，幼虫穿过肠道黏膜，只需 30~40 个小时就能转化为成虫。成虫交配 3 天后会产下新的幼虫，这些幼虫在 5 天内又会发育至性成熟。穿过肠黏膜的幼虫会进入体内循环系统，被运输到体内各处。它们也会侵入肌肉纤维，形成囊包。

# 微型世界

门：6

纲：未知

目：未知

科：未知

种：约4100

世界上存在一些体形极其微小的、有假体腔的无脊椎动物族群。它们大多数生活在海底，不具备循环器官和呼吸器官。具体栖息位置不确定，不迁徙，营自由生活，或是附着在海底或其他水生动物身上。这些微型动物属于内肛动物门、环口动物门、腹毛动物门、颚胃动物门、轮形动物门和棘头动物门。

*Keratella*

## 龟甲轮虫

体长：0.1~0.5 厘米
栖息地：淡水
分布范围：世界范围

它们主要分布在淡水中，少数在海水中生活。它们既能栖居于庞大的水体，也能适应小水塘环境。它们在食物匮乏时亦能维持生命，因此，能够在大型浮游生物无法生存的贫瘠环境中活下来。龟甲轮虫体形很小，部分身躯下陷，被一层"壳"覆盖，这层壳由两块板构成：一块背板和一块腹板。龟甲轮虫的前缘通常有6根刺，后缘有1~2根刺。刺的数目、位置和形状可作为区分其种类的分类学特性。背板的形态特征也具有分类学的意义。它们拥有可帮助进食和运动的纤毛冠。

*Philodina*

## 旋轮属轮虫

体长：0.1~0.5 厘米
栖息地：淡水
分布范围：世界范围

旋轮属轮虫包括一些在淡水中常见的轮虫。它们身躯细长，呈透明状，有1个足，足上有4个指状突起。其胸部角质层薄而光滑，有2个前眼点。至今尚未发现雄性旋轮属轮虫，其群族完全由雌性构成。因此，它们无法进行有性繁殖，而是通过一种叫作孤雌生殖的方式繁衍后代。雌虫产下未受精的虫卵，虫卵自会产生新的雌虫。

*Symbion pandora*

## 潘多拉共生虫

体长：347 微米
栖息地：海洋
分布范围：大西洋的东北部和地中海

这是一个新发现的物种，由于未发现它与已知物种有任何明显的亲缘关系，因此，被归入到一个新的生物门类。这一生物门类因其前部的纤毛冠而被称为环口动物门。栖居在挪威海螯虾（*Nephrops norvegicus*）的嘴里。在这两个物种之间存在一种共生关系，潘多拉共生虫以海螯虾的食物残渣为食。它们的生命周期非常复杂，既有无性繁殖，又有有性繁殖。

*Macracanthorhynchus hirudinaceus*

## 猪巨吻棘头虫

体长：50 厘米（雌性）和 10 厘米（雄性）
生存环境：寄主
分布范围：温带和热带

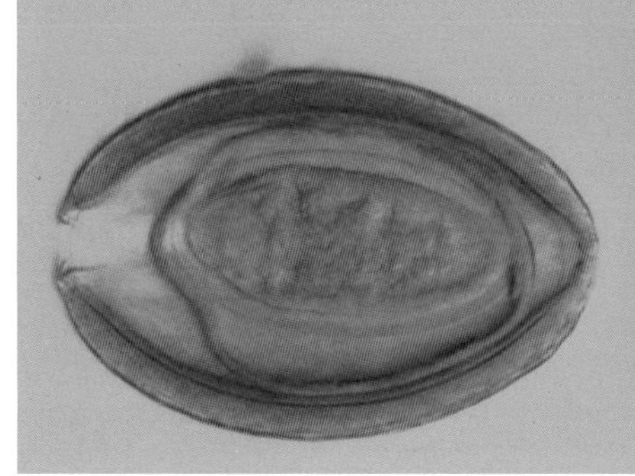

猪巨吻棘头虫是体形最大的棘头类体内寄生虫之一，它能寄生在猪、野猪、西猯及相关物种体内。成虫呈白色，背部和腹部略扁。雌虫体形较大，体长可达50厘米，而雄虫则不会超过10厘米。身体上覆盖着一层专门的薄角质层。身体前端有一个可伸缩的中空的附件（吻），上面生有数个倒钩。吻会随着吻腺的动作被排出，吻腺是位于颈部的充满液体的囊。这种棘头虫没有口、消化道和肛门，直接通过皮肤吸收营养来获取食物。

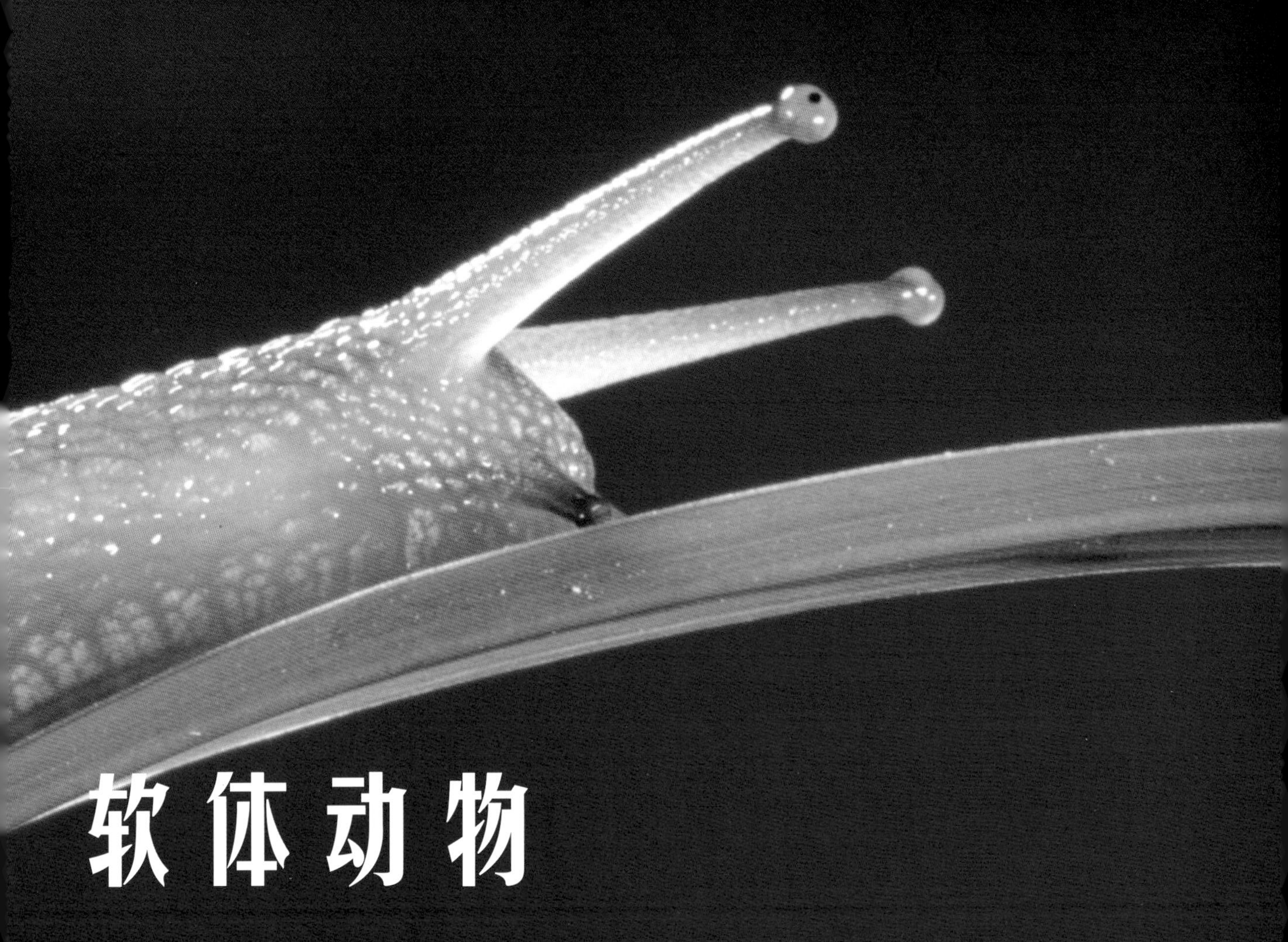

# 软体动物

软体动物是除节肢动物之外种类最为丰富的无脊椎动物门类。它们具有很强的环境适应能力，在海洋、淡水和陆地上都有分布。目前已知有大约 10 万个现存软体动物物种（蜗牛、蛞蝓、蛤蜊、鱿鱼和章鱼）和大约 3.5 万个已经灭绝的物种，比如菊石。软体动物一向为人们所熟知，它们对生态环境非常重要，并和人类密切相关。

# 一般特征

它们是身体柔软不分节的无脊椎动物，一般体表有一层外壳作为保护。体腔很小，环绕着心脏。其繁殖特点和担轮幼虫的存在，把它们和环节动物紧密地联系在一起。全球渔业的20%是基于软体动物的。有些培育的软体动物品种是或曾经是重要的食品、药品、珠宝、纽扣制造等的来源。有些软体动物是蔬菜作物的害虫，会引发工业层面的问题或者传播寄生虫病。

**门：软体动物**

**纲：4**

**目：62**

**科：515**

**种：27977**

**资源**

这个物种繁多的群体为人类贡献了食物，它们自身及其产品都可以成为贸易中的商品。

软体动物在形态和行为上有极大的多样性，但其结构都可以分为头、足、内脏团、外套膜。外套膜自身可以伸展和折叠，能够在与身体其余部分保持一个整体的同时，形成一个与外界相通的室，即外套腔。在外套腔中嵌有叶状鳃丝所构成的鳃，也叫栉鳃。软体动物可以通过栉鳃清理、排出消化残渣、排泄物和繁殖产物。在进化过程中，这种原始结构经历了巨大的改变，软体动物中比较高等的物种甚至改变了典型的两侧对称。总体来说，软体动物的运动是依赖肌肉足的收缩波动，肌肉足会因为血淋巴液的流动而膨胀，同时黏液和足部纤毛也起到了很大的辅助作用。外套膜中具有大量腺体，能够分泌物质形成骨针、骨片或者保护柔软身躯的钙质外壳。外壳分三层：外层是角质层，材质为有机物（贝壳素），能防止下面的碳酸钙壳层被腐蚀溶解；中层由垂直于表面的棱柱体组成；内层由套膜分泌而成，有些具有彩虹色光泽，这就是珍珠层，或者叫珍珠母。能形成珍珠的主要是双壳动物。当异物侵入贝壳和外套膜之间时，双壳生物就会分泌出包裹异物的珍珠质。经过一段时间后，就会形成一颗珍珠。这样产生的珍珠大小、颜色和外观都不尽相同。

## 饮食结构

软体动物的食物结构非常多样。它们包括食草动物、食肉动物、食腐动物、食残屑动物、食悬浮体动物甚至寄生虫。

它们的消化系统是完整的。在口腔

**分类**

**无板纲**

例：龙女簪

**多板纲**

例：石鳖

**单板纲**

例：毛螺属

**腹足纲**

例：海洋和陆地蜗牛和蛞蝓

**头足纲或管足纲**

例：鹦鹉螺、鱿鱼和章鱼

**双壳纲**

例：蛤蜊、贻贝、牡蛎

**掘足纲**

例：象牙贝

底部有一种软体动物特有的结构——齿舌，由一条带有细齿的膜带构成。有一个齿舌软骨轴支撑着齿舌，软骨及一系列肌肉负责将齿舌推向外面并收回。齿舌上的细齿会不断地老化、磨损、丢失，膜带后端的上皮细胞会不断分泌新齿以补充。每个物种的齿舌形态会根据饮食结构做出调整，不同物种的食物，其齿舌的细齿数目、形状和排列都各不相同。食用海藻的软体动物有许多细小的牙齿；食肉的软体动物牙齿偏少，但是它们的牙齿更尖利、更利于撕碎食物。同样，摄取的食物不同，其消化器官也会有区别。

### 假说中的远古软体动物

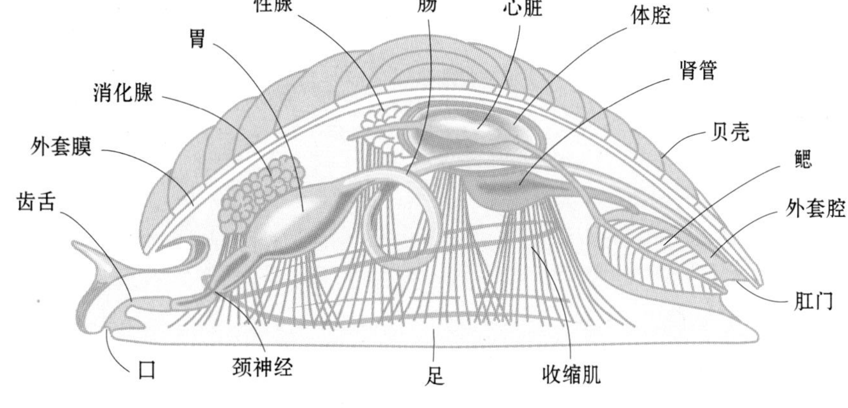


## 其他内部器官

软体动物的循环系统是开管性的（头足动物除外），包含一个心脏，心脏由心室、心耳和主要的脉管组成，脉管将血液输送到头部、足部、内脏和外套膜。

软体动物的排泄系统包括两个肾，它们连通体腔和套膜腔，以氨的形式排出含氮的废物，对于陆生腹足动物来说，则是以尿酸的形式排出。头部有一系列由神经节支配的感觉器官：眼睛、触角和触须。在外套腔里以及每个栉鳃（软体动物特有的鳃）的基部都有化学感受器，称为嗅检器，负责探测周围水的水质和内容物。软体动物总体上是雌雄异体的，但也有些物种是雌雄同体或者孤雌生殖的。从卵中产生原始的浮浪幼虫，后面通常紧接着又是面盘幼虫。在其他情况下，发育过程则是直接的。

## 与人类的关系

软体动物不仅仅是某些传统菜肴的主要原料，在很多故事中都能体现软体动物与人类之间亲密又古老的关系。希腊词汇“*phoenix*”的意思是紫红色。腓尼基人被称为“紫红色的人”是因为他们贩卖的紫色布匹。这些布料是用骨螺腺体分泌物中所提取的色素染制而成的，这种螺在腓尼基（如今的黎巴嫩）非常普遍。据说，所谓的“泰尔紫”（染料的名字）的价值相当于其重量的20倍的黄金。现在所公认的最早流通的货币大概就是由宝螺科的螺壳制作的，尤其是黄宝螺等，它们早在公元前数个世纪就被亚洲、非洲和太平洋南部的部落用于贸易流通。比如，一只母鸡价值约25贝币，一头母山羊价值约为500贝币，一头母牛价值约为2500贝币。掘足纲贝类的贝壳也被用作钱币，此外，它们还作为点缀品被用于美洲太平洋海岸从阿拉斯加到加利福尼亚的土著人的庆典服饰。贝类成就了许多器具、珠宝和数量众多的建筑艺术品。这样，我们得以目睹从砗磲中诞生的美丽女神（名画《维纳斯的诞生》）；扇贝的贝壳则成了圣地亚哥朝圣的纪念品。此外，在萨拉曼卡的贝壳之家（14—15世纪）以及在浸礼上用的圣水池都能看见贝壳的踪影。

### 齿舌

许多软体动物的嘴中有一种专门用于捕食的结构。这个结构由角质构成，有细齿，有助于它们捕食猎物并摄食岩石上的藻类。种群不同，其齿舌的形态也各异，因此科学家们会根据齿舌的形态来区分软体动物。

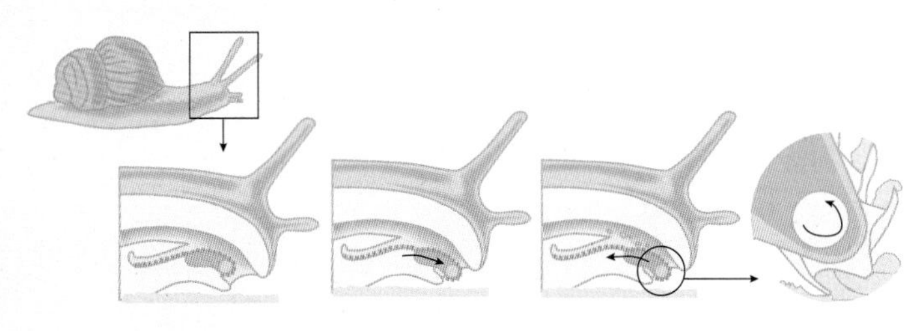

这个“长牙齿的舌头”是软体动物的特征，它们用它来刮擦和撕裂食物。

# 无板纲和单板纲

| | |
|---|---|
| 门：软体动物门 | |
| 纲：2 | |
| 目：6 | |
| 科：29 | |
| 种：331 | |

无板纲动物没有壳，只有鳞片或者钙质的骨刺。作为海洋生物，它们形状类似蠕虫，没有眼睛，也没有触角和肾管。单板纲动物生活在深海之中，只有一个壳，没有眼睛，器官是重复的。无板纲动物在柔软的海底开凿坑洞穴居，它们是雌雄异体的。而单板纲动物生活在海底或者寄生在刺胞动物身上并以它们为食，是雌雄同体的。

*Neopilina galatheae*

## 新碟贝

体长：3.7 厘米
栖息地：海洋
分布范围：太平洋东部

它们的口位于腹侧前端，每边都有一个触角。有 5 对鳃。它们在 1952 年被发现于约 3570 米深的海洋深处。其生态学特征鲜为人知。

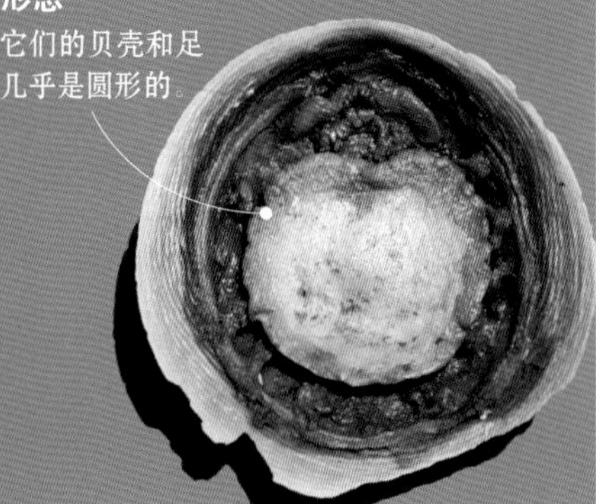

**形态**
它们的贝壳和足几乎是圆形的。

*Acanthomenia arcuata*

## 无板纲贝类

体长：无数据
栖息地：海洋
分布范围：大西洋东部

这种小型软体动物具有数个细长的钙质骨刺，嵌在外套膜之中，使其外观布满小刺。腹部有一个腹沟踏板。身体的肌肉系统呈现出一系列腹部侧向斜纹纹理。栖居于 2000~4000 米深的海水水域。

# 石鳖

| | |
|---|---|
| 门：软体动物 | |
| 纲：多板纲 | |
| 目：新石鳖目 | |
| 科：10 | |
| 种：600 | |

石鳖是海洋生物，附着在沿海的礁石上生活。身体扁平，外套膜包裹着 8 块背侧贝壳，头部很小，有腹足，外套腔被分成两个槽，有多个鳃。它们是雌雄异体的。

*Katharina tunicata*

## 黑凯蒂石鳖

体长：12 厘米
栖息地：海洋
分布范围：太平洋东北部

黑凯蒂石鳖的色彩暗淡的外套膜形成了一个远远超出甲片宽度的大腰带。它的贝壳呈扇形，颜色为棕色，很清晰。腹足完全被外套膜覆盖，呈深橙色。

*Tonicella lineata*

## 排石鳖

体长：5.1 厘米
栖息地：海洋
分布范围：印度洋和太平洋

排石鳖体形很小。栖居于多石礁海岸和珊瑚礁上，与珊瑚上的海藻联系紧密，这种海藻是它们的主要食物。它们占据着沿海潮间带和潮下带区域。

**颜色**
排石鳖的贝壳上有玫瑰红色、蓝色或者白色的“之”字形花纹，有时候呈现一排清晰的斑点或条纹。

# 蜗牛和蛞蝓

这是软体动物中个体数量最多的群体，其中 2/3 生活在海洋中，剩下的 1/3 通过不同的方式成功地适应了淡水和陆地环境。它们在形态上与软体动物的基本身体构造不一样，有明显的头向集中，这是因为在其幼虫阶段和整个进化过程中，它们经历了一系列深刻变化，改变了它们的形态和身体功能。

| 门：软体动物门 |
|---|
| 纲：腹足纲 |
| 目：13 |
| 种：7.5 万 |

**扭曲的内脏**

腹足动物囊括了约3/4 的软体动物。它们大部分是海洋生物，且以扭曲旋转 180 度的内脏团为特征，这种旋转的过程和贝壳的形成过程相互独立。

## 一般特征

腹足动物的一大变化是背腹面的显著生长（弯曲），另一个变化是内脏团的扭转，这是内脏的 180 度逆时针旋转，头、足不受影响。扭转的结果是使位于身体后端的外套膜移到了身体前端。口和肛门也在前端（消化管弯曲成 *U* 形），位置同样发生改变的还有鳃（前鳃亚纲）、排泄孔和性腺。平行的侧脏神经索扭曲成“8”字形，在后端形成神经节的集中和融合，结缔组织也随之缩短。此外，贝壳（贝壳在不同的进化途径中可能缩小或退化）往往会卷起，有的是沿着同一平面旋转（平面盘旋壳），有的是沿不同水平面旋转（非对称螺旋状），这种壳体更小、更紧凑、更坚固。这样有助于减少其移动时产生的阻力，重新分配重量，一旦贝壳移动，可以更好地平衡重心。在腹足动物的进化中，螺旋和扭转引发了身体右侧边上外套腔的梗阻，以致这一侧的身体结构（鳃、心耳、肾和足缩肌）渐渐减少，甚至消失。

后鳃亚纲软体动物和肺螺亚纲的进化过程则部分或完全反其道行之。也就是说，它们的内脏团顺时针旋转 90 度或 180 度，外套腔（如果还存在的话）向右或向后开口，但是它们消失的内脏并不会再还原。内脏的扭转与贝壳和外套腔的退化趋势有关，这两者的消失意味着腹足动物的鳃将处于裸露无保护的状态。对肺螺亚纲动物而言，这是一种对陆地环境的适应——壳的重量会使陆地移动的困难加剧——同时也是对可用的钙质减少的一种应对。

有些蜗牛在足部的背面有一片角质的分泌物——厣，当身体缩回壳中时，厣能把壳的开口堵上，达到保护软体部分不受外敌伤害以及防止软体部分脱水的目的。几乎所有海洋生腹足动物都靠鳃呼吸，仅有少数几种生活在潮间带的海洋腹足动物、许多淡水生腹足动物和几乎所有陆生腹足动物，它们的鳃都在空气呼吸系统的进化过程中消失了。

这种外套膜“肺”通过一种括约肌或者呼吸孔向外界打开，以便控制水分的流失。海洋生腹足动物大多数都是雌雄异体的，但是也有部分是雌雄同体的，雌雄同体更多见于淡水生和陆生的腹足动物物种。

## 厣

为了保护自己，许多海洋生腹足动物和某些陆生腹足动物在其足部的最后端生有一块保护板。当它们缩回壳内时，它们可以用这块板把贝壳的开口堵上。

*Haliotis rufescens*

## 红鲍

体长：20~30 厘米
栖息地：海洋
分布范围：太平洋东北部

**螺圈很少**
它们的贝壳是不对称的，只有一个螺圈。

它们的壳是扁平的，一侧约有 20 个椭圆形孔，但只有最后 5~6 个是穿透孔，从外套腔回流的水就是从这几个孔中被排出去的。在其幼虫阶段，厣会消失，它们只能生活在多礁石的海底，因为在那里它们能把自己牢牢地固定在礁石上。多见于潮下带，昼伏夜出，用贝壳周围探出的触角探索周围的环境，寻找可食用的藻类。它们的外壳表面很粗糙，上面附着藻类、苔藓虫和结硬壳的海绵动物，这使得它们可以与海底背景融为一体。通常颜色发红，但是其所摄入的不同海藻，也会影响它们的色彩。由于它们的肉可食用，且产出的彩虹色珍珠母又广泛用于珠宝业，人们对其进行密集的捕捞，使得野生红鲍的数量已经减少。

*Turritella terebra*

## 笋锥螺

体长：6~17 厘米
栖息地：海洋
分布范围：印度洋和太平洋西部

具有高而窄的瓷感外壳，壳上有许多圈螺层。多见于海底沙地或淤泥中，栖息深度最深可达 200 米。幼年笋锥螺一边在海底移动，一边用齿舌收集食物颗粒；而成年笋锥螺埋于泥沙中，从吸入的水中过滤食物。为此，它们用足部挪动淤泥，建成两道沟渠，作为吸入和排出水的渠道。长长的鳃丝能制造穿过外套腔的持续水流，由此能捕食到浮游生物和食物碎屑。

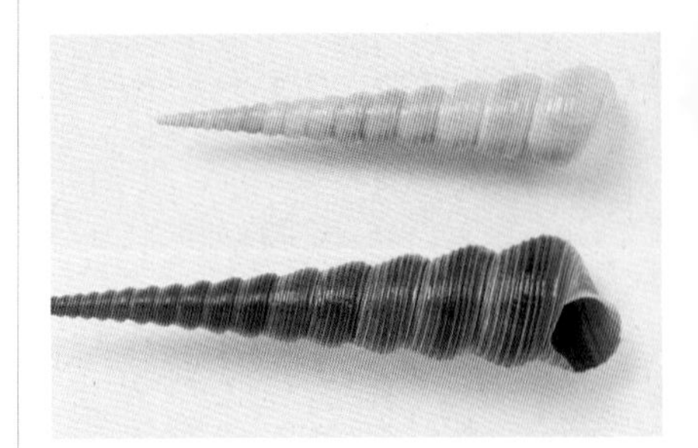

*Patella vulgata*

## 欧洲帽贝

体长：1~6 厘米
栖息地：海洋
分布范围：西欧的海洋

其外壳为圆锥形，顶端无孔。外表面很粗糙，放射状的纹理清晰可见。在内部和前端有马蹄状肌肉的痕迹。生活在潮间带，在退潮期间，会附着在礁石上，以防自身变干和外敌入侵。对日晒雨淋有很强的抵抗能力。生长在外套膜边缘的肉质丝取代了鳃，使其能够在没有水的情况下呼吸。以绿藻和红藻为食。

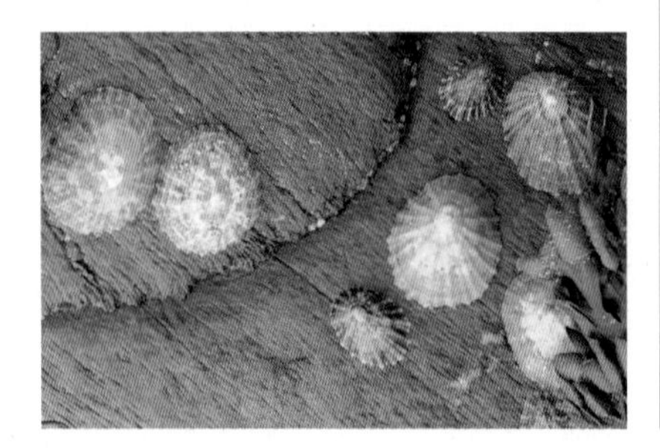

*Nerita peloronta*

## 血齿蜑螺

体长：2~5 厘米
栖息地：海洋
分布范围：加勒比海

有一个厚厚的壳，圆润的外壳上有条纹状纹理，不同的个体其颜色也不尽相同。壳上的螺线圈数不多，最后一圈螺线几乎覆盖了整个贝壳。其开口是半圆形的，壳口边缘那令人惊奇的彩色齿列是其得名的由来。有一个厚厚的红色石灰质的厣，使其能够保持内部体液的浓度不受外部环境影响。因此它们成了第一批征服陆地和淡水环境的蜗牛。

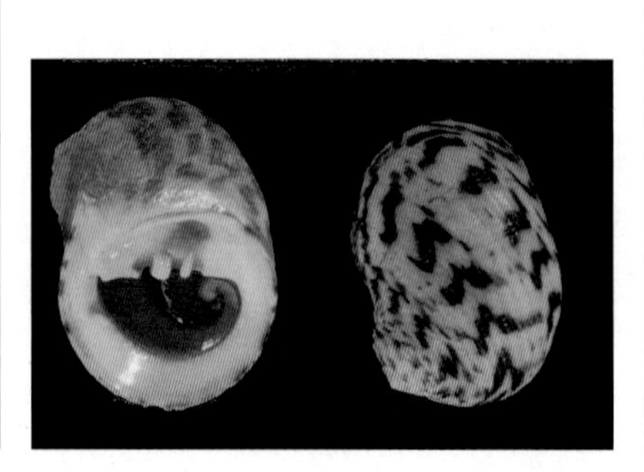

*Tectus niloticus*

## 牛蹄钟螺

体长：5~15 厘米
栖息地：海洋
分布范围：印度洋和太平洋

外壳呈锥形，具有一些原始的生理特征，比如体外受精以及拥有两个心房；此外，还拥有一些高等族群才有的特征，例如一个鳃和相应的嗅检器的消失。生活在潮间沟域，但附着能力较弱。因此比较偏爱海湾和没有海浪侵袭的防波堤作为栖身之处。

它产生的珍珠母质厚，多用于制作珠宝、手镯和纽扣等商品。

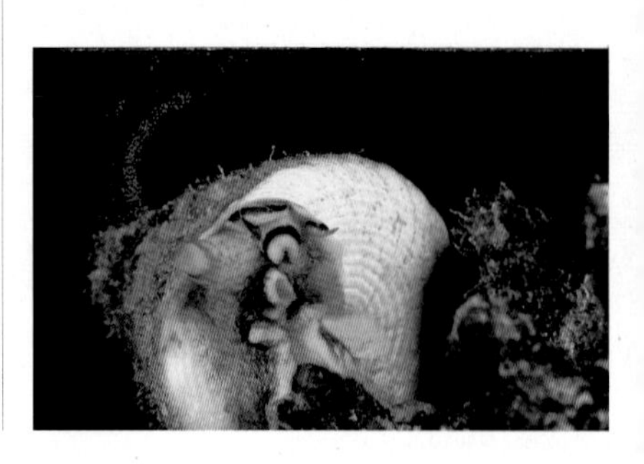

*Pomacea canaliculata*

## 福寿螺

体长：5~10 厘米
栖息地：淡水
分布范围：南美洲

外壳呈球形，短螺旋。壳的开口大，开口形状是椭圆形的，壳口有角质的厣封闭。有明显的呼吸系统，包括一个鳃和一个“肺”。它们的肺其实是血管化的外套腔，通过可伸缩的体管与身体表面连通。这样，当其所栖居的水环境中氧气量过少时，或者当它们在坚硬的地面上长途跋涉去产卵时，它们都能直接呼吸空气。它们将卵产在水面以上的树枝或石头上，呈现为一簇簇胶着状的玫瑰红色颗粒，很多人都把它们的卵误认为是蟾蜍卵。卵呈这种警戒色是在展示自身的毒性，从而抵御潜在的窃取者。福寿螺对于亚洲大陆来说，是外来入侵物种，它们由人类带到这片大陆，对亚洲的水稻种植造成了严重影响。

**命名**

它们的名字“福寿螺”来源于贝壳上螺圈交界处形成的沟渠。

*Viviparus viviparus*

## 河螺

体长：3~5 厘米
栖息地：淡水
分布范围：欧洲

河螺生活在池塘和沟渠底部的泥泞或岸边植被丛中，靠残剩物和小生物为食。它们能用鳃丝做网，捕捉原生动物、单细胞藻类和悬浮颗粒作为食物。雄性河螺的右触须衍生出交配器官。卵在雌性河螺的子宫中孵化，幼虫如果未能在寒冷季节到来前孵化出来，就会在子宫中度过整个冬天，在春天完成剩下的发育过程。

*Conus textile*

## 织锦芋螺

体长：9~15 厘米
栖息地：海洋
分布范围：印度洋和太平洋

它们以软体动物、多毛虫和小鱼为食。齿舌的结构已改变，演化为一种狩猎装置，齿舌上某些牙齿成了有毒的飞镖。这些牙齿形似鱼叉，中空，被存储在一个囊里，以便一个接一个从口管中送出。此外，它们还有一个施放毒液用的囊，这种毒液会作用于猎物的神经系统，利于猎物被埋伏守候的螺猎取。几秒之内，猎物就会被麻痹，然后被张大口管的织锦芋螺吞食。在少数情况下，织锦芋螺的这种捕食方法会导致人类死亡。

*Cypraea tigris*

## 黑星宝螺

体长：8~15 厘米
栖息地：海洋
分布范围：印度洋和太平洋

其外壳呈卵圆形，外表光泽如瓷器，在壳的生长过程中，螺纹会渐渐被掩盖住。开口很窄，呈白色，上面有条纹；外套膜的两个侧延伸覆盖了整个贝壳。幼年黑星宝螺以藻类为食，而成年黑星宝螺主要吃小型无脊椎动物。通常生活在 10~40 米深的多岩石和珊瑚的海底。雌性黑星宝螺会把卵产在被囊中，粘着在岩石等基质上，雌雄黑星宝螺会保护卵不受外敌损伤。对收藏家来说，黑星宝螺的贝壳很珍贵，因为它们有着玻璃般的光泽和艳丽斑驳的色彩。

*Crepidula fornicata*

## 大西洋舟螺

体长：2~6 厘米
栖息地：海洋
分布范围：大西洋西部

雌性大西洋舟螺寿命较长，附着在岩石或者其他软体动物身体上生活。年轻的雄性大西洋舟螺附着在雌性大西洋舟螺身上生活，这样一来，它们就可以像叠罗汉一样，形成 10 只甚至更多的叠加，在这种堆叠中，处于底层的是雌性大西洋舟螺，而上层的则是雄性大西洋舟螺。然而，雌性大西洋舟螺的受精是由尚未附着、仍自由移动的雄性大西洋舟螺完成的。这种生物源自美洲，1872 年，它们随着作为食品进口的蛤蜊被带到欧洲大陆。

*Hexabranchus sanguineus*

## 血红六鳃海蛞蝓

体长：20 厘米
栖息地：海洋
分布范围：印度洋、太平洋和红海

它们有 6 个嵌入体壁的鳃。栖居在温暖的水域，夜间进食，主要食物有海藻、海绵和海葵。雌雄同体，交配后，会产下大量的卵，这些卵被一层棕红色的外壳包裹着。浮游幼虫会变成半透明的底栖生物，随着年龄的增长，颜色会越来越深。

其俗名“西班牙舞者”来源于它们的运动方式，让人想起弗拉门戈舞的舞者。面对捕食者，它们不会缩起来，而是舒展开原本卷曲的身体边缘，同时摇摆身体展示自己鲜艳的红色色彩。捕食者看到这一幕会受到惊吓，因为它会感知到猎物比自己庞大，进而果断地放弃捕食。

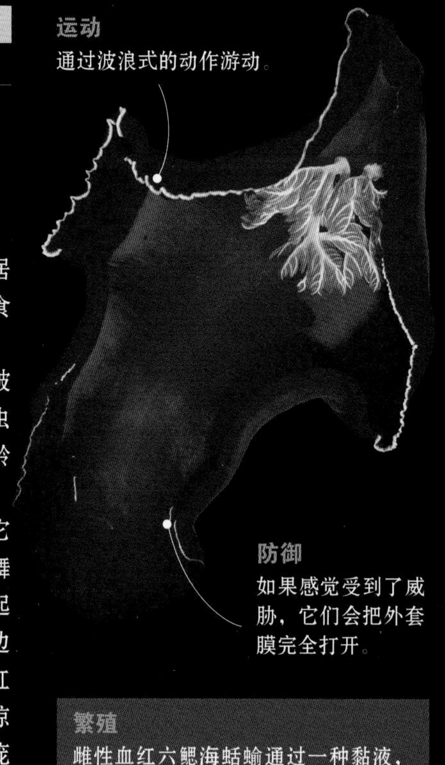


**繁殖**
雌性血红六鳃海蛞蝓通过一种黏液，把产下的卵紧紧固定在海底岩石上。

*Hermissenda crassicornis*

## 管鞭海蛞蝓

体长：5~8 厘米
栖息地：海洋
分布范围：墨西哥沿岸

有一条白色或者荧光色的带子，延伸到整个身体周围。像其他海蛞蝓一样，有一个独特的防御系统：能绑架其他动物的进攻性武器。也就是说，它以海葵、珊瑚、水母和水螅虫为食，并把它们的防御体系据为己有，首先使之失效，然后重新生成，最后为己所用。管鞭海蛞蝓的外套膜在背部扩展，形成顶端为白色的橙色犄角，称为露鳃，其内含有消化腺支囊。管鞭海蛞蝓的刺针也藏在露鳃中。栖居在潮间带和河滩上。

*Aplysia punctata*

## 海兔

体长：2~7 厘米
栖息地：海洋
分布范围：大西洋东部和地中海

海兔体形较大，背部有精致的小点。有一个萎缩的壳，小而隐蔽，被外皮褶皱所环绕。靠外皮进行波浪形的位移。以海藻为食，并利用藻类的色素释放彩色分泌物作为防御之用，其颜色随着所食用的藻类不同而有所改变。在发情期，它们会聚成一串在水中游动，每一只海兔面对其前面的海兔时是雄性，而面对后面的海兔时是雌性。

*Clione limacina*

## 裸海蝶

体长：3~5 厘米
栖息地：海洋
分布范围：从南极水域到巴塔哥尼亚

裸海蝶没有贝壳，营浮游生活。在南极和北极的寒冷水域中很常见。其身体呈透明凝胶状，没有鳃，通过体壁进行气体交换。在日间活动，具有初步发育的眼睛。肉食性动物，拥有 1 个明显的口管和 3 个锥形附件，作用类似带吸盘的前肢，使裸海蝶能捕捉到比较偏爱的猎物，也就是另一种腹足动物——一种浮游性卷贝。

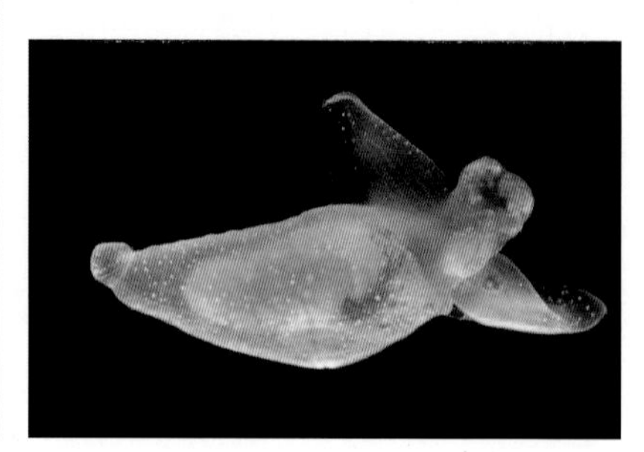

*Phyllidia varicosa*

## 叶海牛

体长：12 厘米
栖息地：海洋
分布范围：太平洋

叶海牛没有外壳，外表呈非常醒目的蓝色、黄色和灰色，而皮肤是黑色的。背部表面由于存在大量被称为露鳃的黄色延长物，身体的背面因此而增高。其背部前端有一对鼻通气管。这些绝妙的化学感受器是后鳃亚纲软体动物所特有的。栖居在水深 4~20 米的海底，雌雄同体。面对危险时，能释放一种有毒的黏液。

*Helix pomatia*

## 盖罩大蜗牛

体长：5 厘米
栖息地：土地
分布范围：欧洲中部和东南部

盖罩大蜗牛是最受推崇的陆生可食用蜗牛，早在古罗马时期就已开始人工繁殖。法国人称它为“大白蜗牛”，并将其看作一道传统佳肴，人们都说一个优秀的美食家必须能够根据蜗牛的味道说出它位于法国乡村的原产地。实际上，蜗牛的销售区域已经大幅度削减，为了保护它们，人们根据其繁殖季节制订了严格的禁猎期。

蜗牛的生长很缓慢，需要 5~7 年才能长到最佳尺寸。因此，法国食用蜗牛市场上的大部分货源都是盖罩大蜗牛的相似品种——肉质相对粗糙、生长更为迅速，这些蜗牛源于欧洲的其他区域——土耳其、突尼斯和摩洛哥。对于西班牙这个对口味不那么挑剔的市场，他们从阿根廷进口蜗牛。进口蜗牛是欧洲品种，但是在布宜诺斯艾利斯的海岸上，它们已经成为野生品种了。

*Lymnacea stagnalis*

## 静水椎实螺

体长：2 厘米
栖息地：淡水
分布范围：世界各地

静水椎实螺生活在池塘、泥塘和潟湖中，然而它们的呼吸方式是空气呼吸。会到水面上通过由外套腔边缘形成的一根长管道实现气体交换。该管道在静水椎实螺沉入水中时保持闭合状态。静水椎实螺可以用足部在水的表面移动，同时保持身体倒置的状态。

雌雄同体，但是它们的交配并不是相互的，而是一只螺担任雄性角色，另一只螺担任雌性角色。在只有一只螺的情况下，也能够受精。

*Arion ater*

## 黑蛞蝓

体长：10~15 厘米
栖息地：土地
分布范围：欧洲东北部、英国、德国、苏格兰和爱尔兰

黑蛞蝓体色多样，可以是黑色、灰色乃至红色。贝壳退化为一系列石灰石颗粒，并在尾端具有一个大型黏液分泌腺。生活在潮湿的环境中，夜间或下雨天会减少活动。以蔬菜、水果、菌类和藻类为食，此外，也吃生长在树干上的地衣。这是一个雌雄同体、雄性先成熟的物种：在最初几个月表现为雄性，从第五个月开始为雌性。

*Achatina fulica*

## 非洲大蜗牛

体长：25~30 厘米
栖息地：土地
分布范围：东非、肯尼亚和坦桑尼亚。被引进到西非和马达加斯加

成年非洲大蜗牛直径可达23厘米，重量达 600 克。其颜色呈红色或棕色，上面有白色的轴线，轴线的形状依据蜗牛的生存环境、摄食和年龄各有不同。平均寿命 5~7 年，是草食性动物。世界自然保护联盟将其列为世界上 100 种最具破坏性的外来入侵物种之一。

可以向人类传播某种线虫，其引起的嗜酸性脑膜脑炎可致人死亡。

*Limax cinereoniger*

## 利迈科斯蛞蝓

体长：30 厘米
栖息地：陆地
分布范围：欧洲

利迈科斯蛞蝓是目前已知的世界上最长的蛞蝓。其贝壳已经退化为脆弱的内部钙质板。我们推测这种退化是利迈科斯蛞蝓针对地面钙质成分的减少所做出的适应性变化，毕竟它们生活的原始环境的特点就是高湿度和低浓度钙质。

和这一科的其他成员一样，以水果和菌类为食，但同时也能够捕捉、吞食其他动物，包括其他蛞蝓。

# 头足动物

归入头足纲中（足长在头部）的都是特殊的无脊椎动物，它们全都是海洋生物和肉食性动物，比如章鱼、鱿鱼、乌贼和现在的鹦鹉螺，以及已经灭绝的菊石。在进化过程中，其祖先的背腹轴延伸形成了身体的主轴，所以它们的头部就被放置在了内脏团之下、足部之上。

| 门：软体动物 |
| --- |
| 纲：头足动物 |
| 目：9 |
| 种：700 |

## 一般特征

头足动物的祖先有唯一的腹足，这个腹足被分成多个（8~90个）环绕着口部的前肢和一个肌肉结实的后部口管。十足目动物具有8条带有吸盘的前肢和2根长长的触角。八腕目软体动物和章鱼就不具备上述触角。头足动物用这些肢体和触角在海底移动或捕捉猎物。漂浮系统使它们能够在深海生活。鹦鹉螺的外壳里有充满气体或液体的腔室，并可以根据情况调整腔室的内容物。其他头足动物的贝壳趋向于缩小、内化，并且进化成通过水流助推游动的模式。口部和齿舌位于角质的颚中，用于捕捉和撕裂食物，有些头足动物的唾液腺能分泌毒素。它们具有庞大而复杂的大脑。其感官也很发达，善于捕猎和防御。它们具有良好的平衡感及低频率的听力，相当于鱼类的侧线，能探测视线范围以外的物体。它们的肢体和触角具有很高的触觉敏感度。此外，还有一个指挥肌肉运动的大型神经纤维系统，可协调外套膜的肌肉进行强有力的同步收缩，以便借助水流的冲击力助推游动。贝壳内化所带来的重量的减轻使它们可以游得更快，但同时也使它们的软体部分暴露给敌人，但这种缺陷由其强大的伪装能力进行了弥补。外套膜的表皮具有色素细胞，能根据需要压缩或扩张，从而改变头足动物的颜色和纹理。另外，还有一些细胞能够发光。它们能用透镜和滤器合成复杂的器官，引导光束的方向，使光束扩大、聚焦甚至改变光束的颜色。这种多变性能保护它们不受外敌伤害，帮助它们捕捉猎物、与同类进行沟通。此外，它们还可以喷射墨汁，这是一种深色的黏稠液体，能迷惑潜在的敌人，让其暂时失去视力，与此同时头足动物便会快速逃离。墨汁在直肠的一个囊中生产并储存，其成分是深色色素（黑色素）和黏液。头足类动物是雌雄异体、直接发育的。它们几乎同时发育成熟，并且有着复杂的求偶模式。成年头足动物生命终结前才会大量产卵。只有少数物种会由父母照看产下的卵。

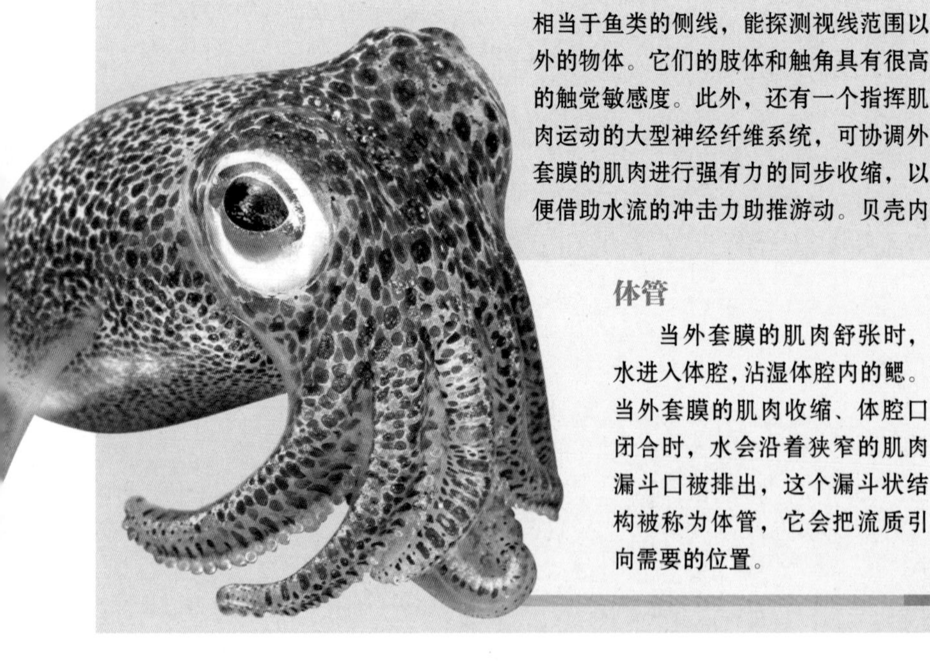

**敏锐的视力**

头足类动物的眼睛和脊椎动物的眼睛是非常相似的，比如这只柏氏四盘耳乌贼的眼睛。

### 体管

当外套膜的肌肉舒张时，水进入体腔，沾湿体腔内的鳃。当外套膜的肌肉收缩、体腔口闭合时，水会沿着狭窄的肌肉漏斗口被排出，这个漏斗状结构被称为体管，它会把流质引向需要的位置。

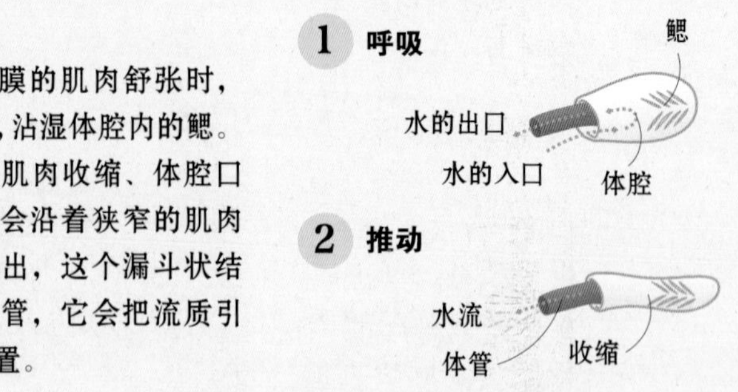

*Nautilus*

## 鹦鹉螺

体长：30 厘米
栖息地：海洋
分布范围：印度洋和太平洋

鹦鹉螺偏爱冰冷的水域。它会在夜间升到水体表面，然后再度沉入 600 米深的深海。它们的壳内部由隔断划分成多个小室，其软体部分只占据最后一个室，也叫住室。随着鹦鹉螺的不断成长，它会向前移动，分泌出一个新的隔断。它们的触角没有吸盘。在其头部周围有超过 90 条触角，用离嘴巴最近的那些触角来捕捉猎物。除了在进食时，它们都是借助水流的推力向后滑行。

*Sepia latimanus*

## 白斑乌贼

体长：30~40 厘米
栖息地：海洋
分布范围：印度洋和太平洋

白斑乌贼栖居在 1000 米深的海洋深处。它们的身体比较短，呈扁平状，两侧有完整而短小的侧鳍。其触手是能伸缩的，非常适应水流助推的游泳方式。它们的贝壳在身体内部，是钙质的扁平壳，有少量可供漂浮使用的小室——"墨鱼骨"。雄性墨鱼有领地意识，它们的求偶仪式很引人注目，为了求偶，雄性会变换身体的颜色并敏捷地摆动。白斑乌贼的唾液腺能分泌可致麻痹的毒素。以鱼类和甲壳类动物为食。

*Loligo opalescens*

## 加州鱿鱼

体长：12~28 厘米
栖息地：海洋
分布范围：太平洋东北部

加州鱿鱼在夜晚上升至水体表面，白天则在海底活动（栖息深度可达 200 米）。在其内脏团的末端有三角形的鳍。与其他枪乌贼一样，它们的壳缩小为一个扁平舟形的几丁质薄片，也叫甲壳。以鱼类、甲壳类动物和其他鱿鱼为食，它们会将食物吞噬下去，用形似鸟喙的颚进行咀嚼。雄性鱿鱼能利用茎化腕将精子输送到雌性鱿鱼体内。产卵时，雌性鱿鱼常常集群，在海底的同一区域产卵。

*Hapalochiaena lunulata*

## 大蓝圈章鱼

体长：20 厘米
栖息地：海洋
分布范围：太平洋西部

大蓝圈章鱼栖居在潮池和浅海中。身体呈黄色，上面有蓝色环状花纹（警戒色）。尽管这种章鱼个头不大，但却含有对人类来说致命的毒素。这种神经毒素由唾液腺中的细菌生成，与刺猬鱼的毒素很相似。像所有章鱼一样，大蓝圈章鱼没有外壳。在繁殖期，雄性章鱼用茎化腕（也就是说这条手臂为了运输精子在结构上有了改良）将精子放入雌性章鱼的外套膜中。雌性章鱼会产下 50~100 颗卵，然后照看它们直到孵化成功。大蓝圈章鱼很有领地意识，喜欢单独行动，藏在暗处。它们埋伏以待，捕食软体动物、鱼类和螃蟹。

在面对危险时，它会在皮肤上生成小小的突起，从而达到伪装和使自己的头部膨胀的目的，这样看起来更具有威胁性。

*Thaumoctopus mimicus*

## 拟态章鱼

体长：2.5 厘米
栖息地：海洋
分布范围：东南亚的热带海洋

拟态章鱼的皮肤是棕色的，上面有白色的斑点，此外，它们也可以改变这种外貌来模仿其他动物或岩石的花纹。它们非常灵活，可以分别控制所有触角，这种能力在头足类动物中非常少见。这种能力使其可以模拟多种动物的外观和行动，它们模拟的动物多数有毒，比如海蛇和狮子鱼。它们非常聪明，能快速根据所追逐的猎物决定模仿哪种动物，以鱼类、海底的甲壳纲动物为食。

*Octopus vulgaris*

## 真蛸

体长：1.3 米
重量：100 千克
栖息地：海洋
分布：太平洋和印度洋

**触手**
触手的肌肉使其能够拖动身体向要用吸盘附着的物体移动。

### 海底生活

在出生后的前几个星期，它们会像浮游生物一样生活。进入青年期后就会沉入海底，在那里度过成年阶段。它们在沙石质的海底和珊瑚礁上生活。独来独往，领地意识很强，多数时间都藏身在洞穴和裂缝中。有时会为了寻找食物而做一次“短途旅行”。

### 捕食者

它们的主要食物是甲壳类、双壳类和腹足动物。当其捕捉到有坚硬外壳或外骨骼的猎物时，会先用齿舌钻孔，然后把唾液腺分泌的麻痹毒素注入孔内。它们会吃掉猎物的软体部分，丢掉坚硬部分，并把丢弃物堆积在洞穴四周。

**灵活的身体**
它们的身体没有坚硬的结构，可以调整身体的形状，穿过细小的裂缝。

### 复杂又聪慧的动物

章鱼的神经系统是无脊椎动物中最复杂的。在进化过程中，其身体结构中的神经节已经融合，形成了独特的神经中枢。它们具备惊人的记忆能力和学习能力，能够迅速通过“尝试和失败”学习如何解决新问题。它们使用一种建立在皮肤颜色和纹理改变基础上的交流方式。其二级神经节负责控制体管、触手和内脏。巨型神经元的存在让它们可以对外界快速做出反应。

**10 千克**
最大尺寸章鱼的体重。

### 迅速的伪装

由于其外皮的细胞结构和神经系统的高度协作，它们可以在不到 1 秒钟的时间内伪装得与环境完全一样。皮肤的色素贮存在色素细胞中，色素细胞能够收缩或扩张，从而展示或隐藏某种特定色彩。在色素细胞下方，有一层红色素细胞和白色素细胞，它们能够反射和折射光线。这几种结构的组合使章鱼能够迅速改变体色并显示不同的图案。同时它们还能改变身体的质感，达到惊人的伪装效果。

**触手**
章鱼的每一个吸盘分别受到约1 万个神经细胞的支配，这些神经细胞让章鱼在探索环境时能获取大量信息。

**吸盘**
吸盘是具有附着力的圆盘，它们接触到物体表面时，会根据表面调整自身形状。吸盘的肌肉收缩会在吸盘内部产生负压（也就是吸力），从而吸附到物体表面。

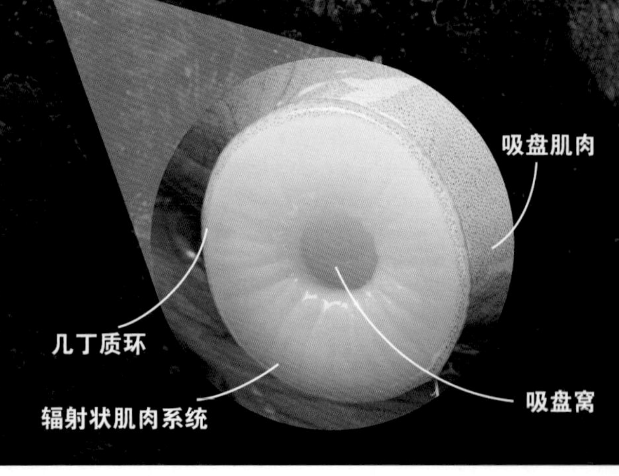

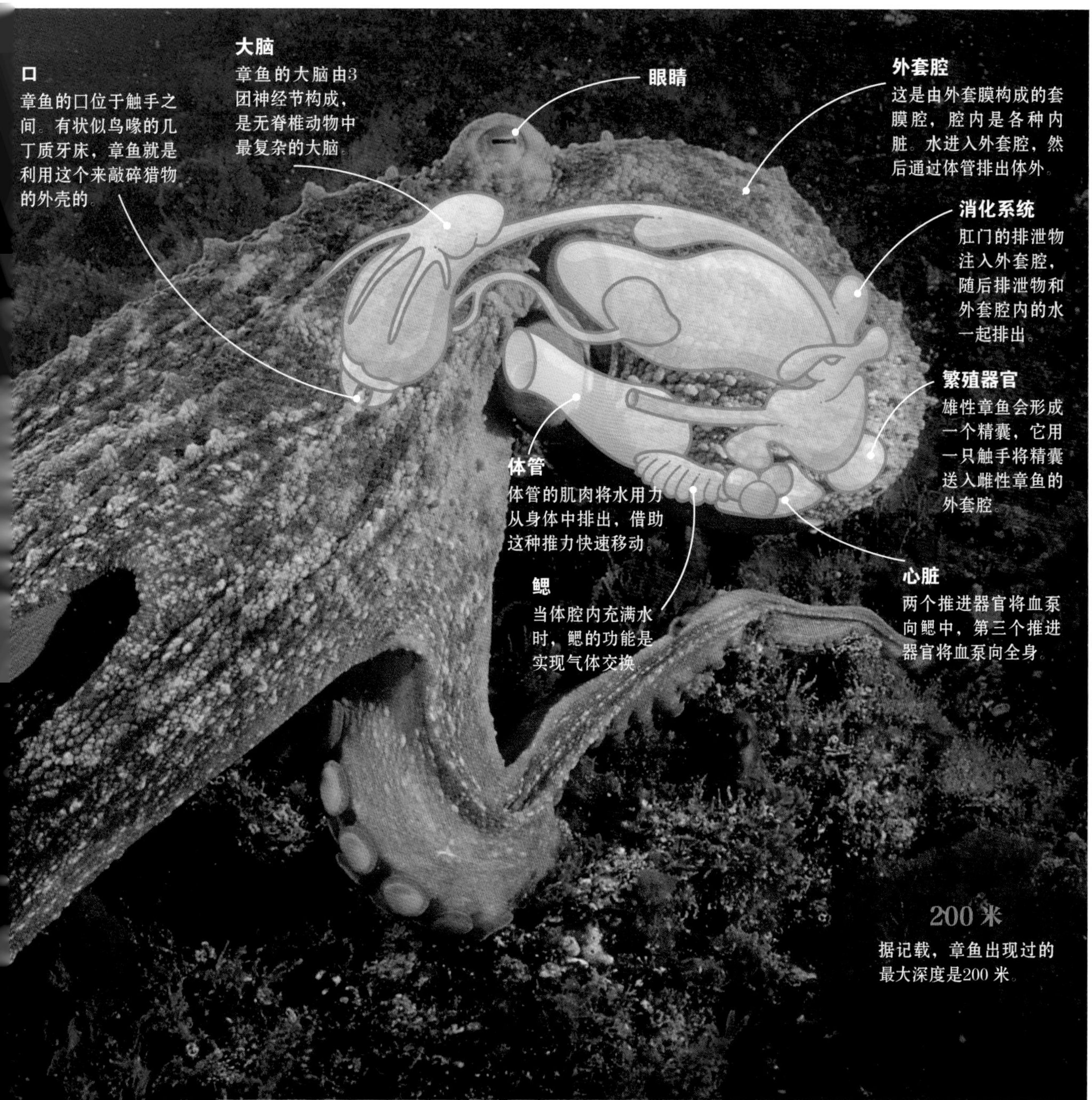
口
章鱼的口位于触手之间。有状似鸟喙的几丁质牙床，章鱼就是利用这个来敲碎猎物的外壳的。
大脑
章鱼的大脑由3团神经节构成，是无脊椎动物中最复杂的大脑。
眼睛
外套腔
这是由外套膜构成的套膜腔，腔内是各种内脏。水进入外套腔，然后通过体管排出体外。
消化系统
肛门的排泄物注入外套腔，随后排泄物和外套腔内的水一起排出。
繁殖器官
雄性章鱼会形成一个精囊，它用一只触手将精囊送入雌性章鱼的外套腔。
体管
体管的肌肉将水用力从身体中排出，借助这种推力快速移动。
鳃
当体腔内充满水时，鳃的功能是实现气体交换。
心脏
两个推进器官将血泵向鳃中，第三个推进器官将血泵向全身。
200 米
据记载，章鱼出现过的最大深度是200 米。

## 发达的视力

章鱼拥有非常发达的视力，它们的眼睛在结构上和人眼很相似，人类的眼睛和章鱼的眼睛都具有折射光线的晶状体、调整光线进入的瞳孔、眼睛后方区域的感光层（视网膜）以及分化出的视神经。然而，二者之间也存在着差异。人类的眼睛通过肌肉动作改变晶状体的形状从而使图像聚焦；而章鱼通过将晶状体移向视网膜或者移远而变焦。此外，章鱼的视网膜位于神经纤维前方，其细胞组织形式也不同。

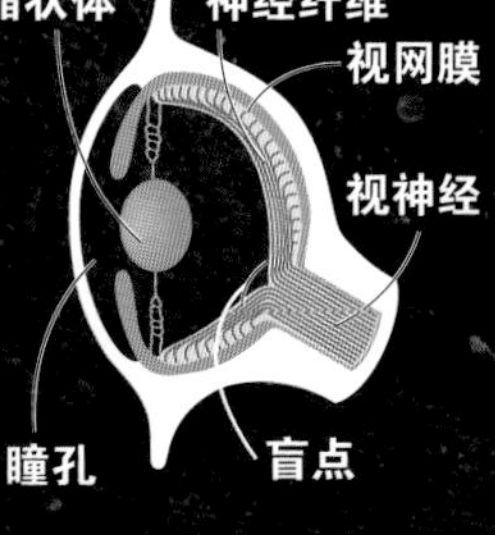
晶状体
神经纤维
视网膜
视神经
瞳孔
盲点

**人类**

眼睛是非常特殊的器官。视网膜上存在盲点。

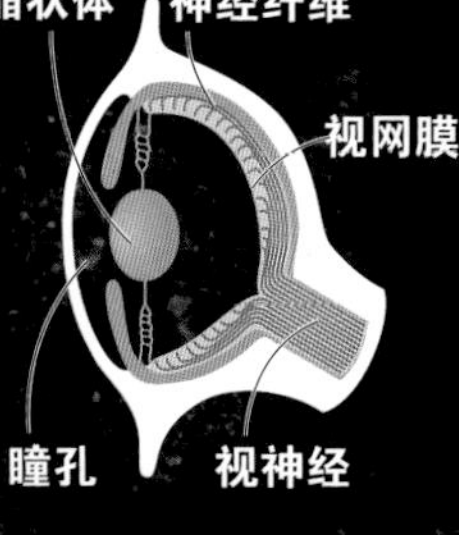
晶状体
神经纤维
视网膜
瞳孔
视神经

**章鱼**

章鱼的眼睛也是非常特殊的器官，它的视网膜上不具有盲点。

# 双壳类动物和象牙贝

它们是完全水生的物种，其形态很适合生活在岩石裂缝或海底的软基质中。它们的身体是对称的，头部较小，拥有触角以便取食（唇触手）。它们的幼虫具有贝壳和双叶胚胎套膜。

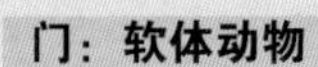

门：软体动物

纲：2

目：13

种：13350

**受保护的**

双壳类动物的身体被连接在一起的两片贝壳覆盖。象牙贝则生活在一个管状的贝壳中。

## 双壳类动物

双壳类动物的外套腔分为两部分，两个外套腔中分别是左鳃和右鳃，外套腔朝外的一面被外套膜的两个叶片覆盖，它们的两片贝壳就是由外套膜的分泌物形成的。一条具有弹性的韧带将两片贝壳连接到一起，使它们保持半开状态。两片贝壳能在闭壳肌收缩时快速地闭合，并能长时间保持闭合状态。两片外套膜叶片的边缘可以是一体的，只有1~2个区域不是闭合的，运载氧气、食物和新陈代谢废弃物的水就从这里循环。对许多双壳类动物来说，这些水流是靠体管引导的，体管的长度和双壳动物在泥沙中埋藏的深度有关。原鳃类动物是最原始的双壳类动物，以碎屑为食。它们通过发达的唇触手进行捕食，鳃具有呼吸的功能；还有一些双壳动物是肉食性或食腐性的，它们的鳃会转化为一个膜或肌膈板；然而大多数双壳类动物通过鳃过滤水流取食，鳃在过滤食物的同时，保留呼吸的功能。营自由生活的双壳类动物主要通过肌肉足进行移动，它们通过肌肉足在水底移动，凿穴而居，对某几种双壳类动物来说，肌肉足甚至能让它们跳跃和游动。无柄的双壳动物会将一片贝壳黏附在坚硬的基质上，或者通过一束有机纤维固定，这种纤维也叫足丝，比如贻贝就是通过足丝固定自己的。也有些双壳动物会通过化学或者机械的方法钻透坚硬的基质。

## 象牙贝

掘足纲动物是在软质海底凿穴生活的海洋生软体动物，它们身体细长、被外套膜环绕，外套膜分泌生成一种向后弯曲的两端开口的管状贝壳。在腹侧一端有一个初步成形的头部和一个尖头的足，这种足能够开凿基质，将自己固定在水底。它们没有鳃、没有眼睛，其循环系统和排泄系统都有所简化。

**深埋**

双壳动物的足和掘足纲动物的足都以形态扁平、肌肉发达为特征。为了能将自己埋起来，它们会把足部插入基质中，之后足部末端会膨胀，像锚一样卡在泥沙中，然后，足部往回缩，通过这种方式拖动贝壳向下埋进泥沙里。

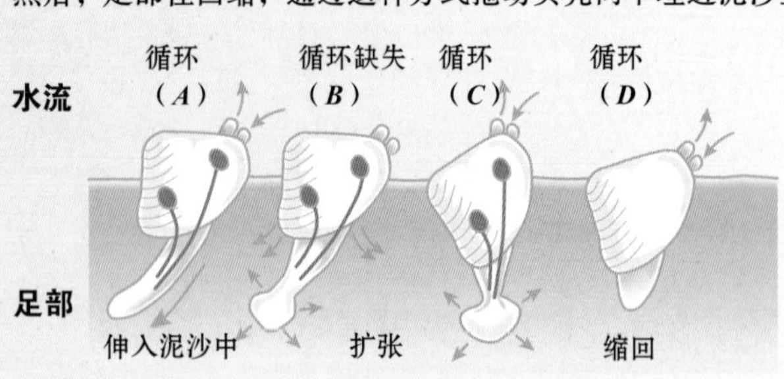

*Tridacna gigas*

## 大砗磲

体长：1.15 米
栖息地：海洋
分布范围：印度洋、太平洋和红海

大砗磲生活在珊瑚礁附近的浅海海底基质上，寿命可达 100 岁。外表呈蓝色和灰色。壳的边缘有较大的起伏。与虫黄藻形成共生关系，虫黄藻在大砗磲的细胞内生长。白天它的贝壳是打开的，阳光照进贝壳内，藻类可以进行光合作用，产生碳水化合物，碳水化合物进而成为大砗磲的食物。虽然大砗磲的体形庞大，但它们依然采取过滤取食的方式。大砗磲是雌雄同体的生物，但无法自体受精，它们会把生成的卵子和精子释放到水中，让其自行寻找其他大砗磲的精子和卵子。卵子受精后 12 个小时，会孵化出一个自由生活的幼虫，幼虫靠浮游生物为食，因为在这个阶段它还没有与之共生的藻类。

**闭壳肌**
大砗磲的内收肌能在光线不足时关闭贝壳。

**像锚一样**
大砗磲最重可达300 千克，如此大的重量让它们可以无须将自己埋进海底的基质，也无须通过特别的结构将自己固定在海底，就可以轻松地躺在海底生活。

*Lima hians*

## 欧洲狐蛤

体长：2.5 厘米
栖息地：海洋
分布范围：大西洋和地中海

欧洲狐蛤生活在海底淤泥中，栖息深度最深可达 100 米。外壳呈细长的椭圆形，颜色为白色，但随着狐蛤年龄的增长，外壳会渐渐变黄。它们的外套膜颜色发红，具有触角状的延伸，这种结构有助于移动。和许多双壳动物不同的是，狐蛤能够游泳。

*Antaris vulgaris*

## 象牙贝

体长：3~6 厘米
栖息地：海洋
分布范围：世界上所有海洋

象牙贝的身体细长，分泌生成的外壳略有些弯曲，并且每一端都有一个孔。生活在海底，几乎把自己完全埋在泥沙中。它们全靠口部四周能伸缩的触角进食，把触角伸进泥沙中，让食物颗粒粘到上面。

*Lopha cristagalli*

## 鸡冠牡蛎

体长：9 厘米
栖息地：海洋
分布范围：印度洋和太平洋

鸡冠牡蛎喜欢成群栖居在波涛汹涌的海域中，其栖息深度为 30 米。它们所有的内脏都被两层坚硬的贝壳覆盖。其贝壳由自身分泌的碳酸钙构成，两片贝壳在边缘最窄处通过韧带连接在一起，并由韧带控制开合。每片贝壳的边缘都有锯齿和另一片上的锯齿咬合。它们生活在海底基质上，用其生产的坚硬材料挖掘洞穴，将自己埋进泥沙中。主要以纤毛摄取水流中的浮游生物，并以此为食。

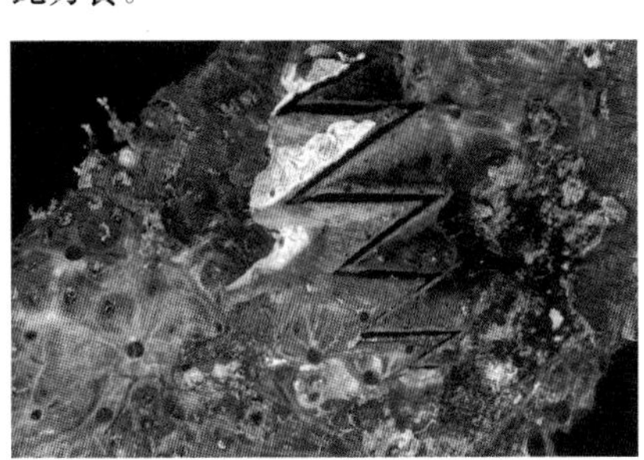

*Mytilus eduliss*

## 翡翠贻贝

体长：1~10 厘米
栖息地：海洋
分布范围：大西洋

翡翠贻贝喜群居，它们用一种丝将自己固定在海底基质上，这种丝来源于腺体分泌的液体蛋白质，起到黏质的作用。这种结构能使贻贝在海浪击打的岩石上生活而不会受到损伤。它们通过过滤海水取食。因为它们具有强而有力的闭壳肌，可以长时间保持贝壳关闭状态，防止水分从贝壳内部流失，从而继续进行呼吸，保持这种状态直到再次涨潮，所以，它们可以长时间暴露于无水的表面。

*Ensis siliqua*

## 大刀蛏

体长：20 厘米
栖息地：海洋
分布范围：大西洋和地中海

它们半埋在泥泞中生活，能够通过跳跃移动几厘米，还能够朝后游泳。它们的壳很细长，壳的边缘笔直且有光泽，但随着时间的流逝，它们的壳会渐渐变得暗淡。由于受其生活位置的影响，它们只有在涨潮时短体管接触到水流时才能进食，进食的同时也从水中获得呼吸用的氧气。当退潮时，它们会被完全埋于泥沙中。其生存环境的地面哪怕有最轻微的震动，它们都会用肌肉足将自己藏到基质中。

# 古老的海洋宝石

珍珠由珍珠质构成，珍珠质是构成软体动物贝壳内面的材料，其密度各有不同。珍珠是在某些种类的双壳动物体内天然形成的：当有异物进入外套腔时，外套膜会以异物为中心在其四周分泌珍珠质层，以防止异物损伤软体部分脆弱的组织。在不同的文化中，珍珠都被视为贵重的装饰品，珍珠的大量采集也引发了许多珠母贝的灭绝危机。最近的一项研究表明，珠母贝赖以生存的礁石和水下滩涂已经消失了约 85%。

**◀ 黑珍珠的培育**
人们在日本冲绳的石桓岛湾培育黑珍珠，这是一个简单但精密的过程。珍珠的培育始于将珍珠核植入珠母贝。这个核实际上是用其他淡水双壳动物，尤其是密西西比河双壳贝类的贝壳制成的小球。将其植入后，过上几年，就能形成珍珠，然后就能将其从珠母贝中取出了。

**▲ 生长最佳条件**
植入珍珠核之后，珠母贝被放回大海，附着在缆绳上。珍珠养殖场坐落在浮游生物丰富的静水区域，离洋流有一定的安全距离。大约有20 种产珍珠的珠母贝，都隶属于珍珠贝科。

**▼ 珍珠核**
珍珠核的植入应当轻柔地完成，这样才不会损伤珠母贝的组织。只有40%的珠母贝能在植入珍珠核后存活，并产出珍珠，产出的珍珠中只有20%具有商品观赏价值。

# 环节动物

环节动物门包含约 1.7 万种，常见种有蚯蚓、蚂蟥、沙蚕、海鼠和海生蠕虫。某些物种体形微小，而某些则能延伸至 3 米长。该门动物对潮湿环境的极佳适应性与其身体多节特点（身体分节现象）和生命周期多变特点密切相关。

# 一般特征

环节动物是最早带有重复性身体结构的体腔动物。这类动物身体柔软而潮湿，与软体动物门及节肢动物门特征相似。它们属于两侧对称的原口动物，由发育完整的三胚层构成，具有宽敞的体腔。消化道完整，具有闭管式循环系统，神经系统发达。海生种类保留了担轮幼虫这一发育阶段，而陆生和淡水种类则直接发育。

**门：环节动物门**

**纲：4**

**目：31**

**种：8700**

圣诞树管虫

这一种管栖蠕虫通过其羽状触手冠舒展在水中呼吸及滤食。

## 一般特征

身体具伸缩性且大多呈圆柱形，除部分种类极为扁平外，如水蛭。头部从幼虫时期起便形成了两部分（口前叶及围口带），带有口腔、大脑神经节及感觉器官（视觉、嗅觉、触觉）。头部以下的身体呈多环或多节状（以此构成整体躯干），肛门位于环节末端或臀板处。环节动物的消化道与体壁分离，由宽阔的空腔或充满体腔液的腔体隔开，在水蛭（蛭纲）身体中体腔由间质填充其中。外部的每一段“体节”都带有内部的一段隔膜，隔膜或腔膜将每一段体节分隔成小室。这使得环节动物可通过伸缩外环肌层和内纵肌层，并在体腔液作用下进行身体的移动（波状运动或螺动）。由于身体的每一环节都带有部分循环系统、神经系统和排泄系统，因此，每一环节都保持了结构和生理上的相对独立。每一段身体分隔部分被称为“体节”。身体由接连相似的体节构成的情况（同律分节），可类比于一列火车，火车头之后是接连一致的火车车厢。这一进化模式对进一步适应环境具有积极意义（减小隔膜体积、失去环带、改变外部附肢等）。如此一来，当这一列车将更替部分车厢以便运输材料时，便需要一种多功能性的系统。这也被称为异律分节，也就是身体各体节各不相同，这一过程的开始是某些海生管栖环节动物的体节变化，之后在节肢动物门中形成体节部分或全体的分化，即形成体区。环节动物体表覆盖着上皮细胞形成的腺质上皮层，其细胞分泌物形成微细的薄膜或刚毛，这一特征仅在蛭纲动物中缺失。短刚毛能让体节在移动过程中更好地“抓地”；而在水生类环节动物中，长刚毛能起到类似于“桨”的滑动作用。在多毛类动物中，体表内侧遍布大量刚毛及疣足。这些重复排列的附肢（每一体节带有一副）随着运动和呼吸发生改变。另一特殊表皮层是性成熟蚯蚓及水蛭的生殖带（生殖环带）。

这一腺体环带位于整个身体前端，包含数段体节，带生殖孔。蚯蚓交配时分泌黏液，形成蚓茧或卵茧，以便保护胚胎免受干燥威胁并提供额外的营养物质（清蛋白）。

### 蚯蚓解剖结构图解

寡毛类环节动物，可以从外表上的同律分节和身体前半段出现环带这两点进行判断。

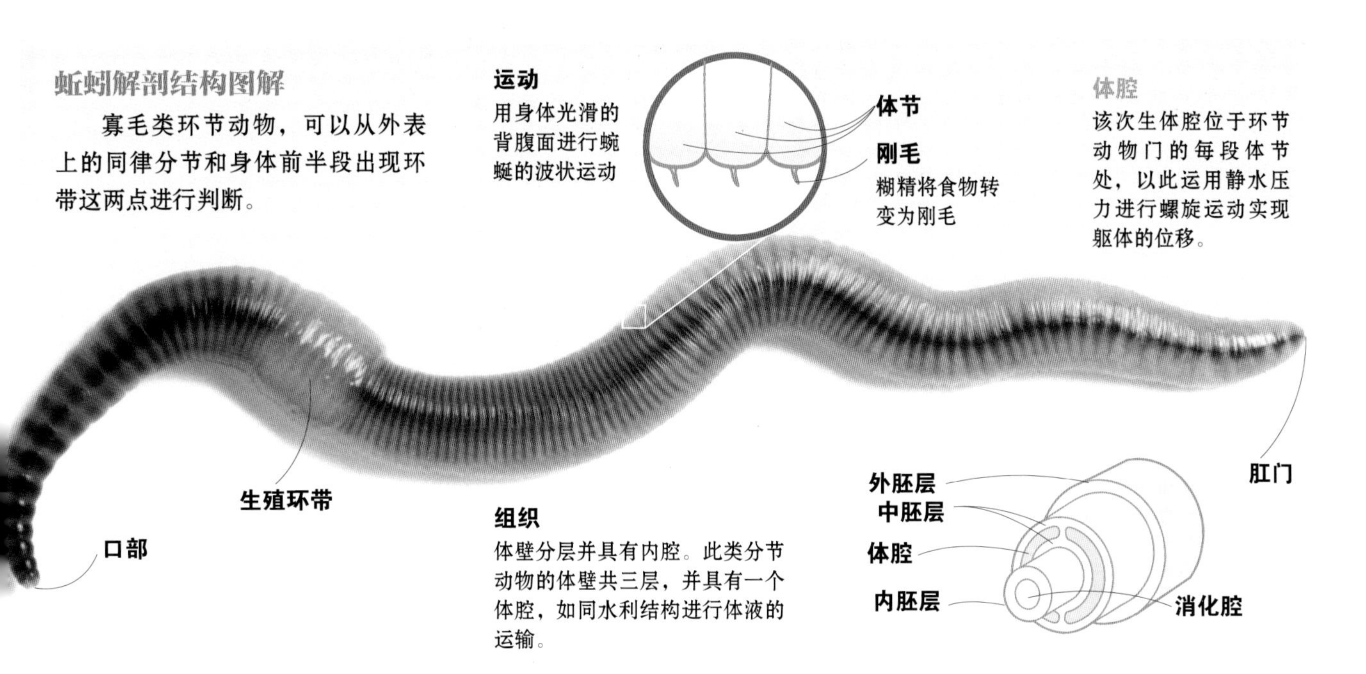


环节动物的身体特点能反映出它们的生活习性。活跃型捕食性动物及挖掘式食腐动物大多具有同律分节特点。较为不活跃或固着性动物长期生存于地道或管道中，如滤食性动物及具备直接触毛或间接触毛的动物，它们的身体分化为不同区域以便承担不同的功能或异律分节。水蛭为外寄生物，身体前后均带有吸盘，以便移动和固定其捕获的猎物。循环系统（封闭式）、神经系统及排泄系统均具备分节特点。大量毛细血管遍布于伪足（鳃）部分区域或整个表皮层，便于进行呼吸，例如蚯蚓。感觉器官均集中于头部并不作用于挖掘行为。生殖方式也各有不同。多毛类普遍为雌雄异体，体外受精及间接发育。寡毛类和蛭纲类则正好相反，雌雄同体，体内受精并直接发育。

## 与人类的关系

从生态层面来说，蚯蚓具有重大作用。其对土壤的持续挖掘有助于土壤保持良好的透气性、渗透性及其他重要特性，使土壤肥沃。

水蛭从古至今一直具备重要的药用价值。在古代，人们用其来吸除特定位置的血液，极大地改善了感染处的愈合情况。随着医疗的发展，这一疗法失去了市场并完全不再被采用。但无论如何，水蛭素（水蛭进食中唾液腺分泌的蛋白质，具有防止凝固的作用）持续沿用至今，直至成功合成了现代化学试剂，比如肝素。有趣的是，近年来不断有人提出，应该像以前一样“原生态”地运用水蛭。这些环节动物可以几乎难以察觉地吸除血液（无痛无瘢痕），这在外科手术领域极其有效，它们能很好地作用于用其他手段无法去除的血液沉积。

## 分类

环节动物主要包括多毛纲（多毛虫类），绝大部分为海生；蛭纲（水蛭），大部分为淡水及陆生；寡毛纲（蚯蚓）。

### 其他小型原口动物

星虫动物门和棘尾动物门均属于海底原口动物，有体腔，无分节现象，并带有特殊的蠕虫角。其种系发展史尚有争议。部分学者认为，该物种与软体动物门有亲缘关系，而软体动物门则与环节动物门有所关联。然而，最新的研究将两者均归类于多毛纲。

**花生蠕虫**

星虫动物门的特点是生活在海底，因此，其消化管道位于布满触毛的嘴部。

# 多毛纲

门：环节动物门

纲：多毛纲

目：不详

科：不详

种：约1 万

这类奇特多样的环节动物主要生活在海洋中。每一体节有一双长有刚毛、随生存环境变化的疣足。头部有许多感觉器官、鳃及指状触手，触手上生长着羽状绒毛。主要为雌雄异体，无生殖环带，体外受精。

*Spirobranchus giganteus*

## 大旋鳃虫

体长：不详
栖息地：陆生
分布范围：热带海洋

大旋鳃虫体形小，呈石灰质管状，附着于珊瑚或海绵状物中。口部位于顶端，旁边有一个带有纤毛的触手冠。它们会分泌出一种黏液，用于捕捉水中悬浮的颗粒，然后根据其大小送入口中。体呈节状，长有疣足、排状刚毛，可机动地为保护管提供帮助。

**多毛蠕虫**
属多毛纲，多毛纲为数量最多的环节动物，有1 万余种海生品种。

**鳃羽**
鳃羽为螺旋状的触角，用于呼吸和进食。

*Arenicola marina*

## 海沙蠋

体长：11~20 厘米
栖息地：海生
分布范围：大西洋北部

海沙蠋是一种常见于沙子、淤泥中的蠕虫。形似陆地的蚯蚓，鳃外置于身体中部，头部向下弯曲，身体呈“J”形。移动身体时口中会喷出黏液。它移动时，体液通过过滤，将悬浮的生物颗粒置于洞的底端，进而将这些颗粒物吃掉。通过后退，将尾部置于外面进行排便，其排泄物呈小山状堆积。

*Sabellaria alveolata*

## 缨鳃虫

体长：30~40 毫米
栖息地：海生
分布范围：地中海、
大西洋北部

缨鳃虫端部有一触手冠，其中心为口部和一个由微粒、沙土和贝壳组成的平盖。

它生活在由分泌物黏合形成的皱状管状物中，它居住的管是由环境中的小颗粒，如沙子、贝壳碎片等构成的。缨鳃虫们会把管建在一起，使其远看像一个蜂巢。它们会根据周围基质的颜色，来改变管的颜色。

*Hermodice carunculata*

## 多毛类萤火虫

体长：7~19 厘米
栖息地：海生
分布范围：地中海、大西洋热带西部海域

多毛类萤火虫身体细长，呈节状，两侧长有坚硬有毒的白刺。被刺中会产生强烈的刺痛感，它们的名字也由此而来。当感觉到危险时，它们会释放更多的毒素。刚毛和刺呈白色，由碳酸钙构成，与身体其他部位的深色形成对比，以提醒其他物种自己具有毒性。通常生活在海底，栖息深度为 50 米。

# 寡毛纲

门：环节动物门

纲：环带纲

亚纲：寡毛纲

目：4

种：约3000

寡毛纲是环节动物门最广为人知的一纲，栖居于陆地、淡水的蚯蚓以及少部分栖居于海洋的蚯蚓皆属于本纲。蚯蚓无四肢，刚毛少于其水生的祖先。除生殖环带在性成熟时期会有所变化，其余所有体节大小均等。雌雄同体，生殖器官复杂，为直接发育。

*Eisenia fetida*

## 加州红线虫

体长：6~8 厘米
体重：4~5 千克
分布范围：欧洲

皮肤
加州红线虫生活在潮湿的环境中，用皮肤呼吸，畏光。

优点
加州红线虫的粪便富含诸如钾、钙、磷、氮等营养物质，能够给土壤提供养分。

加州红线虫颜色暗红，体节分明，曾被引进到各大洲。它们的名字源于当其感到威胁时，会分泌出一种带香味的液体。

交配后每只蚯蚓每隔 10~30 天会产出一个蚓茧或一个卵茧，里边有 2~10 个生长期为 21 天的胚胎。胚胎经过 3~4 个月性成熟。温和的气候利于加州红线虫的繁殖。它们需要富含有机物的土壤。其排泄物是极佳的肥料。由于是第一次在加利福尼亚（美国）发现蚯蚓对农业有益，加州红线虫因此而得名。

*Lumbricus terrestris*

## 普通蚯蚓

体长：7 厘米
体重：1.2 克
栖息地：陆地
分布范围：欧洲

欧洲本地物种，普通蚯蚓现已遍及全球。其生殖环带与马鞍相似，呈环带状，由多个体节组成，将腹部分开。与其他钻土觅食的蚯蚓不同，普通蚯蚓喜欢钻深邃的地道，再钻出地面来吃植物碎屑。此外，普通蚯蚓还食用昆虫尸体以及粪便。其所食之物可达自身体重的 90%，消化 50%。其代谢物，被称作蚯蚓复合肥或蚯蚓腐殖质，对土壤的营养价值极高。

*Tubifex tubifex*

## 正颤蚓

体长：7 厘米
栖息地：淡水
分布范围：欧洲

正颤蚓生活在湖底及河底，甚至会栖居于污染严重的水域。食用河底沉积物中的有机物。被养鱼户引入到各个大洲。

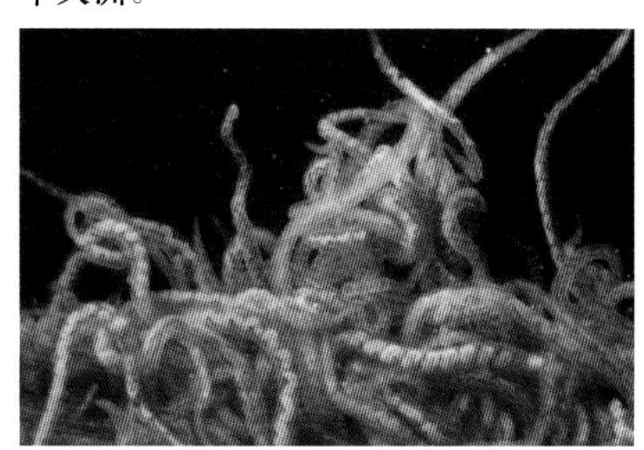

# 水蛭

门：环节动物门

纲：环带纲

亚纲：蛭亚纲

目：3

种：约500

水蛭多属淡水动物，但也有海洋和水陆两栖的水蛭物种。体形扁长，由一定数目的体节组成，有一个口吸盘和后吸盘。水蛭属于体外寄生虫，以吸血或食腐肉为生，身体有环带，与蠕虫不同的是，水蛭的环带只有在繁殖期才可见。

*Hirudo medicinalis*

## 欧洲医蛭

体长：30 厘米
栖息地：池塘及沼泽
分布范围：欧洲

欧洲医蛭在古代被用来放血消炎。其身体由 34 个真环和一系列环带薄膜组成，使其具有多体节的特点。当医蛭发现猎物时，就会通过前吸盘和嘴部吸盘将猎物牢牢固定住。其嘴为 3 片颚，呈锯齿状，有 100 多颗小牙齿。其唾液有麻醉、舒张血管的作用，并有抗凝肽，故可以在猎物毫无知觉的情况下吸食对方血液 10 分钟左右。猎物一旦被咬出伤口，其伤口在几小时内仍会继续流血。

湿地干涸及污染威胁着欧洲医蛭的生存。

**食物**
欧洲医蛭的消化道内有负责储存血液的盲肠，方便吸收血液。

*Haemadipsa picta*

## 花山蛭

体长：1~5 厘米
栖息地：陆地
分布范围：东南亚及澳大利亚

花山蛭的体色由棕到黑变化，腹部颜色最浅。最突出的是，贯穿全身的中心线不仅长且颜色最深。身体两端的强力吸盘能迅速移动，发现并吸取动物或人类的血液。属雌雄同体物种，兼具雌雄生殖器官。交配时分组交换配子受精。该水蛭兼具父母双方属性。通过蠕动前行，栖居在森林和植被茂密之处。花山蛭具有热量和运动传感器，能检测到自己的猎物。一旦开始吸血便变得贪婪，并致使身体膨胀。

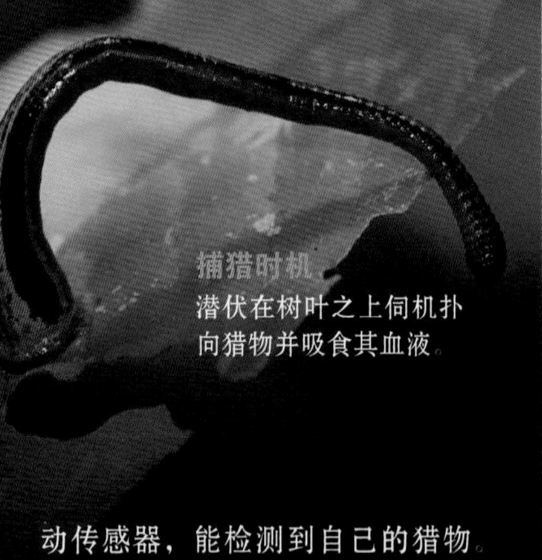

**捕猎时机**
潜伏在树叶之上伺机扑向猎物并吸食其血液。

*Tyrannobdella rex*

## 暴君水蛭

体长：5~7 厘米
栖所：动物及人类身体上
分布范围：亚马孙河流域、秘鲁

暴君水蛭的首次发现时间是 2007 年，当时它正黏附在一个在河里游泳的秘鲁小女孩的鼻子上。与其他水蛭不同的是，暴君水蛭只有 1 片颚，带有 8 颗巨大的牙齿。这种水蛭可以通过人类的鼻孔或嘴巴进入口腔或鼻腔，粘住其黏膜吸血。也可以通过哺乳动物的眼睛、直肠和阴道进入其体内。其肌肉发达，身体呈棕色。暴君水蛭属雌雄同体，其雌性及雄性性器官皆比其他水蛭要小得多。

# 缓步动物和有爪动物

**门：缓步动物门和有爪动物门**
**纲：4**
**目：5**
**科：36**
**种：约900**

缓步动物门、有爪动物门，属于原口动物，与环节动物（分节、无关节附肢）、节肢动物（体外覆盖角质层，生长过程中要蜕皮，体腔小）有亲缘关系。有爪动物或天鹅绒虫体呈蠕虫形，陆栖，夜行，通过分泌黏液觅食。缓步动物或水熊虫体形极小，主要生活在水中。

*Hypsibius sp.*

## 高生熊虫

体长：1 毫米
栖息地：陆生
分布范围：全球

高生熊虫的身体呈小桶状，被角质层覆盖，定期蜕皮。有 4 对足，末端有爪子或吸盘，前三对用于向前移动，后一对用于后退。以植物细胞为食。

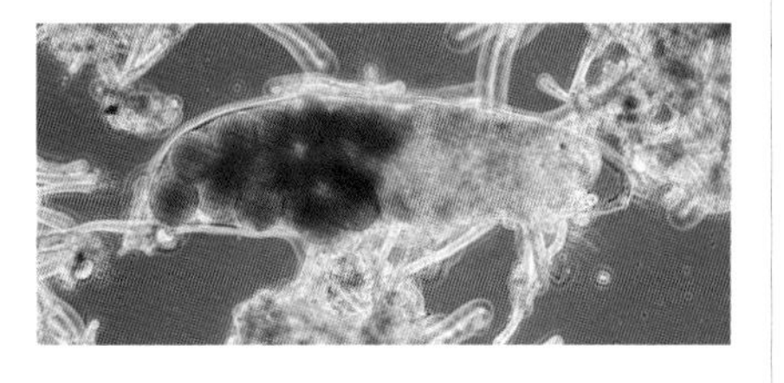

*Macrobiotus sp.*

## 大生熊虫

体长：0.1~1 毫米
栖息地：陆生
分布范围：全球

大生熊虫的身体表面有渗透性极佳的透明角质层，会在生长过程中蜕皮。有 4 对足，每只足末端有 3 只爪子。在水中移动极其缓慢，常附着在坚固物体上。口位于腹部。身体两侧有黑斑。

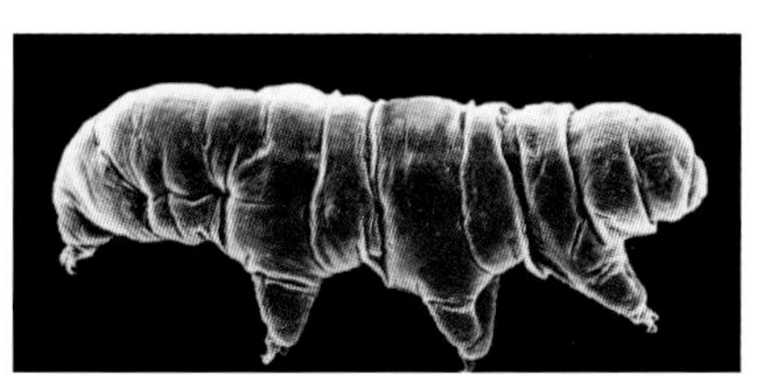

*Milnesium tardigradum*

## 小斑熊虫

体长：1.2 毫米
栖息地：陆生
分布范围：全球

小斑熊虫是缓步动物中数量最多的一种。与其他缓步动物不同，它们以食肉为主，捕食轮虫类和线虫类。具备高度抗干燥的能力，因此易于研究。最后一对足位于尾部，便于抓住物体。

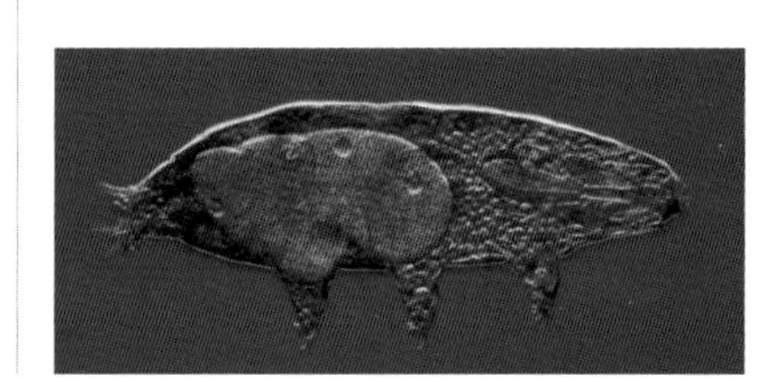

*Macroperipatus sp.*

## 大栉蚕

体长：1.5~9 厘米
栖息地：陆生
分布范围：南半球热带地区

大栉蚕的头部及触角呈深色，身体为深红色，有 31 对足，身体的支撑和移动通过一种水力骨骼完成。通过体内液压及肌肉活动进行移动。身体前端及嘴部两侧布满乳头状突起。附肢可喷射一种能够快速凝结的黏液进行防御、捕食。

*Peripatus sp.*

## 栉蚕

体长：1.5~15 厘米
栖息地：陆生
分布范围：南半球热带地区

身体呈圆柱状，无硬质骨骼，被几丁质构成的角质层覆盖。寿命约 6 年。有多双用于行走、呈环节状的足，末端有 1 或 2 只弯曲状爪子，部分有绒毛。头部有 1 对环形长触角。

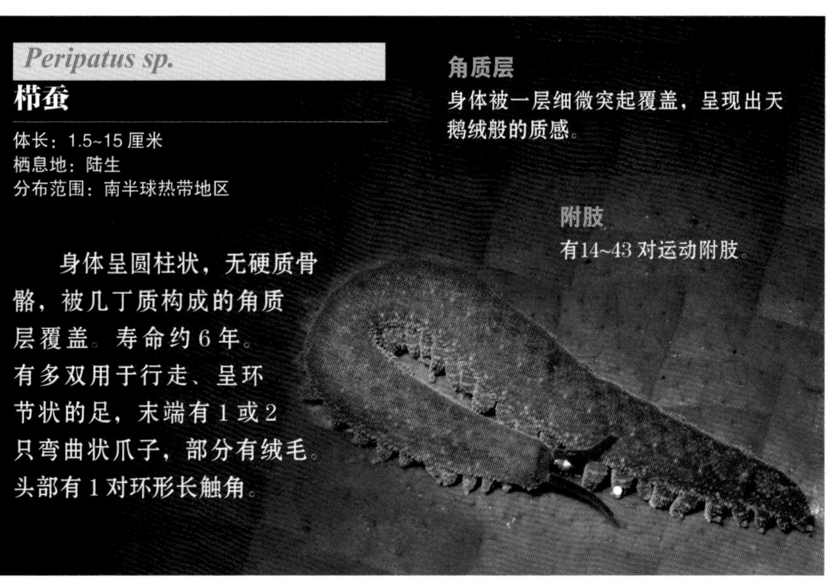

**角质层**
身体被一层细微突起覆盖，呈现出天鹅绒般的质感。

**附肢**
有14~43 对运动附肢。

图书在版编目（CIP）数据

国家地理动物百科全书．无脊椎动物．软体动物・刺胞动物・环节动物 / 西班牙 Sol90 出版公司著；冯珣译．-- 太原：山西人民出版社，2023.3

ISBN 978-7-203-12505-1

Ⅰ．①国… Ⅱ．①西… ②冯… Ⅲ．①无脊椎动物门—青少年读物 Ⅳ．① Q95-49

中国版本图书馆 CIP 数据核字 (2022) 第 244676 号

著作权合同登记图字：04-2019-002



国家地理动物百科全书．无脊椎动物．软体动物・刺胞动物・环节动物

---

著　　者：西班牙 Sol90 出版公司
译　　者：冯　珣
责任编辑：傅晓红
复　　审：崔人杰
终　　审：贺　权
装帧设计：吕宜昌

---

出 版 者：山西出版传媒集团・山西人民出版社
地　　址：太原市建设南路 21 号
邮　　编：030012
发行营销：0351-4922220　4955996　4956039　4922127（传真）
天猫官网：https://sxrmcbs.tmall.com　电话：0351-4922159
E-mail：sxskcb@163.com 发行部
　　　　sxskcb@126.com 总编室
网　　址：www.sxskcb.com

---

经 销 者：山西出版传媒集团・山西人民出版社
承 印 厂：北京永诚印刷有限公司

---

开　　本：889mm × 1194mm　1/16
印　　张：5
字　　数：217 千字
版　　次：2023 年 3 月　第 1 版
印　　次：2023 年 3 月　第 1 次印刷
书　　号：ISBN 978-7-203-12505-1
定　　价：42.00 元

---

如有印装质量问题请与本社联系调换